"十三五"职业教育系列教材

安装工程造价实训

（第二版）

编 著 袁 勇 董文涛 刘永哲 韩长青

主 审 程文义

U0261504

中国电力出版社
CHINA ELECTRIC POWER PRESS

内 容 提 要

本书为"十三五"职业教育系列教材。全书分为实训案例和参考答案两部分，主要包括住宅楼给排水安装工程定额计价及清单计价案例、住宅楼采暖安装工程定额计价及清单计价案例、生产装置内工艺管段定额计价及清单计价案例、办公楼电气照明工程定额计价及清单计价案例、商场消防报警工程定额计价及清单计价案例、车间通风系统工程定额计价及清单计价案例。

本书以《建设工程工程量清单计价规范》（GB 50500—2013）、《通用安装工程工程量计算规范》（GB 50856—2013）以及《山东省安装工程消耗量定额》（SD-02-31—2016）、《山东省安装工程价目表》（2017）为基础编写，通过对电气照明工程、工业管道工程、消防报警工程、给排水工程、采暖工程、通风空调工程等不同安装专业实际案例的分析讲解，使学习者对定额计价及清单计价有全面而详细的了解。

全书共六个案例，既可作为工程造价、设备安装工程等专业教学辅导用书，也可作为工程管理从业人员的培训教材和安装工程管理与技术人员的学习参考书。

图书在版编目（CIP）数据

安装工程造价实训/袁勇等编著. —2版. —北京：中国电力出版社，2020.2（2023.11重印）
"十三五"职业教育规划教材
ISBN 978-7-5198-4023-5

Ⅰ.①安… Ⅱ.①袁… Ⅲ.①建筑安装－建筑造价管理－职业教育－教材 Ⅳ.①TU723.3

中国版本图书馆 CIP 数据核字（2019）第 259350 号

出版发行：中国电力出版社　　　　　　　　　　　　印　　刷：北京盛通印刷股份有限公司
地　　址：北京市东城区北京站西街 19 号　　　　　版　　次：2010 年 5 月第一版　2020 年 2 月第二版
邮政编码：100005　　　　　　　　　　　　　　　　印　　次：2023 年 11 月北京第十二次印刷
网　　址：http：//www.cepp.sgcc.com.cn　　　　　开　　本：787 毫米×1092 毫米　16 开本
责任编辑：孙　静（010-63412542）　　　　　　　　印　　张：16.75
责任校对：黄　蓓　常燕昆　　　　　　　　　　　　字　　数：551 千字
装帧设计：赵姗姗　　　　　　　　　　　　　　　　定　　价：50.00 元
责任印制：吴　迪

前　言

　　本书是根据《建设工程工程量清单计价规范》（GB 50500—2013）编制的工程量清单计价的辅导书。

　　本书根据《建设工程工程量清单计价规范》（GB 50500—2013）及《通用安装工程工程量计算规范》（GB 50856—2013）的有关内容，参考《山东省安装工程消耗量定额》（SD-02-31—2016）、《山东省安装工程价目表》（2017）及相关资料，选用大量翔实的工程实例，系统地对安装工程（包括电气照明工程、工业管道工程、消防报警工程、给排水工程、采暖工程、通风工程等）定额计价及清单计价模式下工程造价的计算进行练习和讲解。

　　本书的最大特点是没有繁琐的理论，选择了不同类型、不同专业的工程案例进行了详细解释，易学易懂，可以作为工程造价、安装工程等相关专业学生学习的辅助教材。

　　本书由山东城市建设职业学院袁勇、董文涛、刘永哲、韩长青编著，山东城市建设职业学院程文义主审。

　　由于编者水平所限，书中难免有欠缺和不妥之处，敬请广大读者和专家批评指正。

编者

2019 年 12 月

目　录

第一部分　安装工程造价实训案例

【习题一】某住宅楼给排水安装工程定额计价及清单计价案例

一、设计说明

（1）如图1-1～图1-4所示给排水工程，图中标注标高以m计，其余均以mm计，砖墙240mm厚，现浇混凝土楼板200mm厚。

（2）给水管道均采用PP-R管，热熔连接，管卡固定；给水立管根部及水表前阀门选用塑料阀门，热熔连接。排水管地下部分采用铸铁管，水泥接口；地上部分采用UPVC排水管，粘接连接，管卡固定。给水管道穿墙体及楼板处，需设钢制套管。排水管出户处设钢套管。给水、排水管道穿楼板需预留孔洞，穿墙采用机械钻孔。

（3）厕所内大便器分别为瓷高水箱冲洗蹲便器和连体坐便器；洗菜池为双池不锈钢材质，长颈冷水嘴；洗脸盆采用立柱式；成套塑料管熔接淋浴器采用冷水手动开关；浴盆采用搪瓷材料；拖布池采用成品陶瓷拖布池；水表为普通水表，螺纹连接。上述器具安装均参照国标图集。

（4）铸铁排水管人工除轻锈后，刷沥青漆二度。给水管道安装完毕需做水压试验及消毒冲洗。排水管道安装完毕需做灌水试验。

（5）主要材料价格参照表1-1执行。

表1-1　　　　　　　　　　　　　　　　　　　　主要材料（主材）价格

序号	名称	规格型号	单位	单价（元）	序号	名称	规格型号	单位	单价（元）
1	PP-R管	DN32	m	8.00	14	PP-R管件	DN20	个	3.00
2	PP-R管	DN25	m	6.00	15	PP-R管件	DN15	个	2.00
3	PP-R管	DN20	m	4.00	16	UPVC排水管件	DN100	个	18.00
4	PP-R管	DN15	m	2.00	17	UPVC排水管件	DN75	个	15.00
5	铸铁管	DN150	m	50.00	18	UPVC排水管件	DN50	个	10.00
6	铸铁管	DN100	m	40.00	19	无缝钢管	D219×6	m	60.00
7	铸铁管	DN75	m	30.00	20	焊接钢管	DN50	m	20.00
8	铸铁管	DN50	m	20.00	21	焊接钢管	DN32	m	15.00
9	UPVC排水管	DN100	m	25.00	22	焊接钢管	DN25	m	12.00
10	UPVC排水管	DN75	m	15.00	23	焊接钢管	DN20	m	10.00
11	UPVC排水管	DN50	m	10.00	24	焊接钢管	DN15	m	8.00
12	PP-R管件	DN32	个	5.00	25	塑料阀门	DN25	个	40.00
13	PP-R管件	DN25	个	4.00	26	塑料阀门	DN15	个	20.00

序号	名称	规格型号	单位	单价（元）	序号	名称	规格型号	单位	单价（元）
27	成套洗菜盆	不锈钢、双池	个	300.00	38	铸铁管件	DN150	个	45.00
28	成套拖布池	陶瓷	套	100.00	39	铸铁管件	DN100	个	35.00
29	成套洗脸盆	陶瓷	套	500.00	40	铸铁管件	DN75	个	25.00
30	成套浴盆	搪瓷	套	1500.00	41	铸铁管件	DN50	个	15.00
31	成套淋浴器	塑料	套	300.00	42	成品管卡	DN100	个	10.00
32	成套蹲便器	陶瓷	套	250.00	43	成品管卡	DN80	个	8.00
33	成套坐便器	陶瓷	套	1000.00	44	成品管卡	DN50	个	6.00
34	普通水表	DN15	个	50.00	45	成品管卡	DN25	个	4.00
35	铸铁地漏	DN50	个	50.00	46	成品管卡	DN20	个	3.00
36	塑料地漏	DN50	个	40.00	47	成品管卡	DN15	个	2.00
37	透气帽	DN50	个	20.00	48	沥青漆	煤焦油	kg	5.00

二、定额计价模式确定工程造价

1. 工程量计算（见表1-2）

表1-2　　　　　　　　　　　　　　**工 程 量 计 算 书**

工程名称：某住宅楼给排水安装工程

序号	项目名称	单位	计算公式	工程数量	明装水平管	明装立管
1						
2						
3						
4						
5						
6						
7						
8						

续表

序号	项目名称	单位	计算公式	工程数量	明装水平管	明装立管
9						
10						
11						
12						
13						
14						
15						
16						
17						
18						
19						
20						
21						
22						
23						
24						
25						
26						
27						
28						
29						
30						
31						
32						

续表

序号	项目名称	单位	计算公式	工程数量	明装水平管	明装立管
33						
34						
35						
36						
37						
38						
39						
40						
41						
42						
43						
44						
45						
46						
47						
48						
49						
50						
51						
52						
53						
54						
55						

备注：

2. 分部分项工程费计算（见表1-3）

表1-3　　　　　　　　　　　　　　　　　　　　安装工程预（结）算书

工程名称：某住宅楼给排水安装工程

序号	定额编号	项目名称	单位	数量	增值税（一般计税）			合计		
					单价	人工费	主材费	合价	人工费	主材费
1										
2										
3										
4										
5										
6										
7										
8										
9										
10										
11										

序号	定额编号	项目名称	单位	数量	增值税（一般计税）			合计		
					单价	人工费	主材费	合价	人工费	主材费
12										
13										
14										
15										
16										
17										
18										
19										
20										
21										
22										
23										
24										
25										
26										
27										
28										
29										
30										
31										
32										

续表

序号	定额编号	项目名称	单位	数量	增值税（一般计税）			合计		
					单价	人工费	主材费	合价	人工费	主材费
33										
34										
35										
36										
37										
38										
39										
40										
41										
42										
43										
44										
45										
46										
47										
48										
49										
50										
51										
52										
53										

3. 计算安装工程费用（造价）（见表 1-4）

表 1-4　　　　　　　　　　　　　　　　　　　　　**定额计价的计算程序**

工程名称：某住宅楼给排水安装工程

序号	费用名称	计算方法	金额（元）
一	分部分项工程费		
	计费基础 JD1		
二	措施项目费		
	2.1 单价措施费		
	脚手架搭拆费		
	其中：人工费		
	2.2 总价措施费		
	1. 夜间施工费		
	2. 二次搬运费		
	3. 冬雨季施工增加费		
	4. 已完工程及设备保护费		
	计费基础 JD2		
三	其他项目费		
	3.1 暂列金额		
	3.2 专业工程暂估价		
	3.3 特殊项目暂估价		
	3.4 计日工		
	3.5 采购保管费		
	3.6 其他检验试验费		
	3.7 总承包服务费		
	3.8 其他		
四	企业管理费		
五	利润		
六	规费		
	6.1 安全文明施工费		
	6.2 社会保险费		
	6.3 住房公积金		
	6.4 工程排污费		
	6.5 建设项目工伤保险		
七	设备费		
八	税金		
九	工程费用合计		

三、工程量清单的编制

1. 封面及扉页

_____工程

招标工程量清单

招　标　人：_____（单位盖章）

造价咨询人：_____（单位盖章）

年　　月　　日

_____工程

招标工程量清单

招标人：_____

工程造价
咨询人：_____

　　　　　（单位盖章）

　　　　　　　　　　　　　　　　　（单位资质专用章）

法定代表人
或其授权人：_____

法定代表人
或其授权人：_____

　　　　　（签字或盖章）

　　　　　　　　　　　　　　　　　（签字或盖章）

编制人：_____

复核人：_____

　　（造价人员签字盖专用章）

　　　　　　　（造价工程师签字盖专用章）

编制时间：　　年　　月　　日　　　　　复核时间：　　年　　月　　日

2. 总说明

总　说　明

工程名称：　　　第1页　共1页

3. 分部分项工程和单价措施项目清单表（见表1-5）

根据《建设工程工程量清单计价规范》（GB 50500—2013）（以下简称《计价规范》）、《通用安装工程工程量计算规范》（GB 50856—2013）（以下简称《计算规范》）工程量计算规则及参考表1-2计算。

表1-5　　　　　　　　　　　　　　　　　　分部分项工程和单价措施项目清单表

工程名称：　　　　　　　　　　　标段：　　　　　　　　　　　　　　　　　　　　　　　　　　第　页　共　页

序号	项目编码	项目名称	项目特征描述	计量单位	工程量
1					
2					
3					
4					
5					
6					
7					
8					
9					
10					
11					
12					
13					
14					
15					

续表

序号	项目编码	项目名称	项目特征描述	计量单位	工程量
16					
17					
18					
19					
20					
21					
22					
23					
24					
25					
26					
27					
28					
29					
30					
31					
32					

4. 总价措施项目清单表（见表1-6）

表1-6

总价措施项目清单表

工程名称：　　　　　　　　　　　　标段：　　　　　　　　　　　　　　　　　　　　　　　　　　　第　页　共　页

序号	项目编码	项目名称	计算基础	费率（%）	金额（元）	调整费率（%）	调整后金额（元）	备注
1								
2								
3								
4								
5								
合计								

编制人（造价人员）：　　　　　　　　　　　　　　复核人（造价工程师）：

5. 其他项目清单汇总表（见表1-7）

表1-7

其他项目清单汇总表

工程名称：　　　　　　　　　　　　标段：　　　　　　　　　　　　　　　　　　　　　　　　　　　第　页　共　页

序号	项目名称	金额（元）	结算金额（元）	备注
1				
2				
2.1				
2.2				
3				
4				
合计				

注　材料（工程设备）暂估单价进入清单项目综合单价，此处不汇总。

6. 规费、税金项目计价表（见表1-8）

表 1-8　　　　　　　　　　　　　　　　　　　　　　　　规费、税金项目计价表

工程名称：　　　　　　　　　　标段：　　　　　　　　　　　　　　　　　　　　　　　　　　　　　　　　第　页　共　页

序号	项目名称	计算基础	计算基数	计算费率（%）	金额（元）
1					
1.1					
1.1.1					
1.1.2					
1.1.3					
1.1.4					
1.2					
1.3					
1.4					
1.5					
2					
	合计				

编制人（造价人员）：×××　　　　　　　　　　　　　复核人（造价工程师）：×××

四、工程量清单计价

1. 投标总价封面及扉页

_____工程

投 标 总 价

投 标 人：_____

(单位盖章)

年　　月　　日

投 标 总 价

招 标 人：＿＿＿＿＿＿＿＿＿＿＿＿＿＿＿＿＿＿

工程名称：＿＿＿＿＿＿＿＿＿＿＿＿＿＿＿＿＿＿

投标总价（小写）：＿＿＿＿＿＿＿＿＿＿＿＿＿＿

（大写）：＿＿＿＿＿＿＿＿＿＿＿＿＿＿

投 标 人：＿＿＿＿＿＿＿＿＿＿＿＿＿＿＿＿＿＿

（单位盖章）

法定代表人
或其授权人：＿＿＿＿＿＿＿＿＿＿＿＿＿＿＿＿

（签字或盖章）

编 制 人：＿＿＿＿＿＿＿＿＿＿＿＿＿＿＿＿＿＿

（造价人员签字盖专用章）

编 制 时 间：　　　年　　月　　日

2. 总说明

总 说 明

工程名称：

3. 单位工程投标报价汇总表（见表1-9）

表1-9   **单位工程投标报价汇总表**

工程名称：某住宅楼给排水工程   标段：   第 页 共 页

序号	汇总内容	金额（元）	其中：暂估价（元）
	投标报价合计		

4. 分部分项工程和单价措施项目清单计价表（见表 1-10）

表 1-10　　　　　　　　　　　　　　　**分部分项工程和单价措施项目清单计价表**

工程名称：某住宅楼给排水工程　　　　　　　　　　　标段：　　　　　　　　　　　　　　　　　　第　页　共　页

序号	项目编码	项目名称	项目特征描述	计量单位	工程量	金额（元）			
						综合单价	合价	其中：人工费	其中：暂估价

续表

序号	项目编码	项目名称	项目特征描述	计量单位	工程量	金额（元）			
						综合单价	合价	其中：人工费	其中：暂估价
合计									

5. 工程量清单综合计价分析表（见表 1-11～表 1-41）

表 1-11

工程量清单综合单价分析表

工程名称：某住宅楼给排水工程　　　　　　　　　标段：　　　　　　　　　　　　　第 1 页 共 页

项目编码				项目名称								计量单位	
清 单 综 合 单 价 组 成 明 细													
定额编号	定额名称	定额单位	数量	单 价					合 价				
				人工费	材料费	机械费	管理费	利润	人工费	材料费	机械费	管理费	利润
人工单价				小　计									
＿＿＿元/工日				未计价材料费									
清单项目综合单价													
材料费明细	主要材料名称、规格、型号					单位		数量		单价（元）	合价（元）	暂估单价（元）	暂估合价（元）
	其他材料费												
	材料费小计												

注　管理费按人工费＿＿＿%，利润按人工费＿＿＿计。

表 1-12

工程量清单综合单价分析表

工程名称：某住宅楼给排水工程　　　　　　　　　标段：　　　　　　　　　　　　　第 2 页 共 页

项目编码				项目名称								计量单位	
清 单 综 合 单 价 组 成 明 细													
定额编号	定额名称	定额单位	数量	单 价					合 价				
				人工费	材料费	机械费	管理费	利润	人工费	材料费	机械费	管理费	利润
人工单价				小　计									
＿＿＿元/工日				未计价材料费									
清单项目综合单价													
材料费明细	主要材料名称、规格、型号					单位		数量		单价（元）	合价（元）	暂估单价（元）	暂估合价（元）
	其他材料费												
	材料费小计												

注　管理费按人工费＿＿＿%，利润按人工费＿＿＿计。

表 1 - 13

工程量清单综合单价分析表

工程名称：某住宅楼给排水工程　　　　　　　　　　　标段：　　　　　　　　　　　　　　　　第 3 页　共　页

项目编码				项目名称							计量单位			
清 单 综 合 单 价 组 成 明 细														
定额编号	定额名称	定额单位	数量	单　价					合　价					
				人工费	材料费	机械费	管理费	利润	人工费	材料费	机械费	管理费	利润	
人工单价		小　计												
___元/工日		未计价材料费												
		清单项目综合单价												
材料费明细	主要材料名称、规格、型号			单位		数量		单价（元）	合价（元）	暂估单价（元）		暂估合价（元）		
	其他材料费													
	材料费小计													

注　管理费按人工费___％，利润按人工费___计。

表 1 - 14

工程量清单综合单价分析表

工程名称：某住宅楼给排水工程　　　　　　　　　　　标段：　　　　　　　　　　　　　　　　第 4 页　共　页

项目编码				项目名称							计量单位			
清 单 综 合 单 价 组 成 明 细														
定额编号	定额名称	定额单位	数量	单　价					合　价					
				人工费	材料费	机械费	管理费	利润	人工费	材料费	机械费	管理费	利润	
人工单价		小　计												
___元/工日		未计价材料费												
		清单项目综合单价												
材料费明细	主要材料名称、规格、型号			单位		数量		单价（元）	合价（元）	暂估单价（元）		暂估合价（元）		
	其他材料费													
	材料费小计													

注　管理费按人工费___％，利润按人工费___计。

表 1 - 15

工程量清单综合单价分析表

工程名称：某住宅楼给排水工程　　　　　　　　　　　标段：　　　　　　　　　　　　　　　　第 5 页　共　页

项目编码		项目名称							计量单位		

清 单 综 合 单 价 组 成 明 细

定额编号	定额名称	定额单位	数量	单 价					合 价				
				人工费	材料费	机械费	管理费	利润	人工费	材料费	机械费	管理费	利润

人工单价		小　计			
___元/工日		未计价材料费			
清单项目综合单价					

材料费明细	主要材料名称、规格、型号	单位	数量	单价（元）	合价（元）	暂估单价（元）	暂估合价（元）
	其他材料费						
	材料费小计						

注　管理费按人工费___%，利润按人工费___计。

表 1 - 16

工程量清单综合单价分析表

工程名称：某住宅楼给排水工程　　　　　　　　　　　标段：　　　　　　　　　　　　　　　　第 6 页　共　页

项目编码		项目名称							计量单位		

清 单 综 合 单 价 组 成 明 细

定额编号	定额名称	定额单位	数量	单 价					合 价				
				人工费	材料费	机械费	管理费	利润	人工费	材料费	机械费	管理费	利润

人工单价		小　计			
___元/工日		未计价材料费			
清单项目综合单价					

材料费明细	主要材料名称、规格、型号	单位	数量	单价（元）	合价（元）	暂估单价（元）	暂估合价（元）
	其他材料费						
	材料费小计						

注　管理费按人工费___%，利润按人工费___计。

表 1 - 17
工程量清单综合单价分析表

工程名称：某住宅楼给排水工程　　　　　　　　　　　标段：　　　　　　　　　　　　　　　　　　第 7 页 共　页

项目编码				项目名称						计量单位				
							清 单 综 合 单 价 组 成 明 细							

定额编号	定额名称	定额单位	数量	单　价					合　价				
				人工费	材料费	机械费	管理费	利润	人工费	材料费	机械费	管理费	利润
人工单价		小　计											
____元/工日		未计价材料费											
		清单项目综合单价											
材料费明细	主要材料名称、规格、型号				单位		数量		单价（元）	合价（元）	暂估单价（元）		暂估合价（元）
	其他材料费												
	材料费小计												

注　管理费按人工费____%，利润按人工费____计。

表 1 - 18
工程量清单综合单价分析表

工程名称：某住宅楼给排水工程　　　　　　　　　　　标段：　　　　　　　　　　　　　　　　　　第 8 页 共　页

项目编码				项目名称						计量单位				
							清 单 综 合 单 价 组 成 明 细							

定额编号	定额名称	定额单位	数量	单　价					合　价				
				人工费	材料费	机械费	管理费	利润	人工费	材料费	机械费	管理费	利润
人工单价		小　计											
____元/工日		未计价材料费											
		清单项目综合单价											
材料费明细	主要材料名称、规格、型号				单位		数量		单价（元）	合价（元）	暂估单价（元）		暂估合价（元）
	其他材料费												
	材料费小计												

注　管理费按人工费____%，利润按人工费____计。

表 1 - 19

工程量清单综合单价分析表

工程名称：某住宅楼给排水工程　　　　　　　　　　标段：　　　　　　　　　　第 9 页 共 页

项目编码		项目名称				计量单位		

清 单 综 合 单 价 组 成 明 细													
定额编号	定额名称	定额单位	数量	单　价					合　价				
				人工费	材料费	机械费	管理费	利润	人工费	材料费	机械费	管理费	利润
人工单价			小　计										
___元/工日			未计价材料费										
清单项目综合单价													

材料费明细	主要材料名称、规格、型号			单位	数量	单价（元）	合价（元）	暂估单价（元）	暂估合价（元）
	其他材料费								
	材料费小计								

注　管理费按人工费____%，利润按人工费____计。

表 1 - 20

工程量清单综合单价分析表

工程名称：某住宅楼给排水工程　　　　　　　　　　标段：　　　　　　　　　　第 10 页 共 页

项目编码		项目名称				计量单位		

清 单 综 合 单 价 组 成 明 细													
定额编号	定额名称	定额单位	数量	单　价					合　价				
				人工费	材料费	机械费	管理费	利润	人工费	材料费	机械费	管理费	利润
人工单价			小　计										
___元/工日			未计价材料费										
清单项目综合单价													

材料费明细	主要材料名称、规格、型号			单位	数量	单价（元）	合价（元）	暂估单价（元）	暂估合价（元）
	其他材料费								
	材料费小计								

注　管理费按人工费____%，利润按人工费____计。

表 1 - 21　　　　　　　　　　　　　　　**工程量清单综合单价分析表**

工程名称：某住宅楼给排水工程　　　　　　　　　　标段：　　　　　　　　　　　　　　第 11 页　共　页

项目编码		项目名称			计量单位	
清 单 综 合 单 价 组 成 明 细						

定额编号	定额名称	定额单位	数量	单　价					合　价				
				人工费	材料费	机械费	管理费	利润	人工费	材料费	机械费	管理费	利润

人工单价	小　计			
＿＿＿元/工日	未计价材料费			
	清单项目综合单价			

材料费明细	主要材料名称、规格、型号	单位	数量	单价（元）	合价（元）	暂估单价（元）	暂估合价（元）
	其他材料费						
	材料费小计						

注　管理费按人工费＿＿＿％，利润按人工费＿＿＿计。

表 1 - 22　　　　　　　　　　　　　　　**工程量清单综合单价分析表**

工程名称：某住宅楼给排水工程　　　　　　　　　　标段：　　　　　　　　　　　　　　第 12 页　共　页

项目编码		项目名称			计量单位	
清 单 综 合 单 价 组 成 明 细						

定额编号	定额名称	定额单位	数量	单　价					合　价				
				人工费	材料费	机械费	管理费	利润	人工费	材料费	机械费	管理费	利润

人工单价	小　计			
＿＿＿元/工日	未计价材料费			
	清单项目综合单价			

材料费明细	主要材料名称、规格、型号	单位	数量	单价（元）	合价（元）	暂估单价（元）	暂估合价（元）
	其他材料费						
	材料费小计						

注　管理费按人工费＿＿＿％，利润按人工费＿＿＿计。

表 1 - 23

工程量清单综合单价分析表

工程名称：某住宅楼给排水工程　　　　　　　　标段：　　　　　　　　　　第 13 页　共　　页

项目编码		项目名称		计量单位	
清 单 综 合 单 价 组 成 明 细					

定额编号	定额名称	定额单位	数量	单　价					合　价				
				人工费	材料费	机械费	管理费	利润	人工费	材料费	机械费	管理费	利润
人工单价		小　计											
＿＿＿元/工日		未计价材料费											
清单项目综合单价													
材料费明细	主要材料名称、规格、型号			单位		数量		单价（元）	合价（元）	暂估单价（元）		暂估合价（元）	
	其他材料费												
	材料费小计												

注　管理费按人工费＿＿＿％，利润按人工费＿＿＿计。

表 1 - 24

工程量清单综合单价分析表

工程名称：某住宅楼给排水工程　　　　　　　　标段：　　　　　　　　　　第 14 页　共　　页

项目编码		项目名称		计量单位	
清 单 综 合 单 价 组 成 明 细					

定额编号	定额名称	定额单位	数量	单　价					合　价				
				人工费	材料费	机械费	管理费	利润	人工费	材料费	机械费	管理费	利润
人工单价		小　计											
＿＿＿元/工日		未计价材料费											
清单项目综合单价													
材料费明细	主要材料名称、规格、型号			单位		数量		单价（元）	合价（元）	暂估单价（元）		暂估合价（元）	
	其他材料费												
	材料费小计												

注　管理费按人工费＿＿＿％，利润按人工费＿＿＿计。

表 1 - 25

工程量清单综合单价分析表

工程名称：某住宅楼给排水工程　　　　　　　　标段：　　　　　　　　第 15 页　共　　页

项目编码			项目名称						计量单位		

清单综合单价组成明细

定额编号	定额名称	定额单位	数量	单价					合价				
				人工费	材料费	机械费	管理费	利润	人工费	材料费	机械费	管理费	利润

人工单价	小 计								
＿＿＿元/工日	未计价材料费								
	清单项目综合单价								

材料费明细	主要材料名称、规格、型号	单位	数量	单价（元）	合价（元）	暂估单价（元）	暂估合价（元）
	其他材料费						
	材料费小计						

注　管理费按人工费＿＿＿%，利润按人工费＿＿＿计。

表 1 - 26

工程量清单综合单价分析表

工程名称：某住宅楼给排水工程　　　　　　　　标段：　　　　　　　　第 16 页　共　　页

项目编码			项目名称						计量单位		

清单综合单价组成明细

定额编号	定额名称	定额单位	数量	单价					合价				
				人工费	材料费	机械费	管理费	利润	人工费	材料费	机械费	管理费	利润

人工单价	小 计								
＿＿＿元/工日	未计价材料费								
	清单项目综合单价								

材料费明细	主要材料名称、规格、型号	单位	数量	单价（元）	合价（元）	暂估单价（元）	暂估合价（元）
	其他材料费						
	材料费小计						

注　管理费按人工费＿＿＿%，利润按人工费＿＿＿计。

表 1 - 27

工程量清单综合单价分析表

工程名称：某住宅楼给排水工程　　　　　　　　　　　　　标段：　　　　　　　　　　　　　　第 17 页 共　页

项目编码		项目名称			计量单位	

清 单 综 合 单 价 组 成 明 细

定额编号	定额名称	定额单位	数量	单　价					合　价				
				人工费	材料费	机械费	管理费	利润	人工费	材料费	机械费	管理费	利润

人工单价		小　计				
___元/工日		未计价材料费				
清单项目综合单价						

材料费明细	主要材料名称、规格、型号	单位	数量	单价（元）	合价（元）	暂估单价（元）	暂估合价（元）
	其他材料费						
	材料费小计						

注　管理费按人工费___％，利润按人工费___计。

表 1 - 28

工程量清单综合单价分析表

工程名称：某住宅楼给排水工程　　　　　　　　　　　　　标段：　　　　　　　　　　　　　　第 18 页 共　页

项目编码		项目名称			计量单位	

清 单 综 合 单 价 组 成 明 细

定额编号	定额名称	定额单位	数量	单　价					合　价				
				人工费	材料费	机械费	管理费	利润	人工费	材料费	机械费	管理费	利润

人工单价		小　计				
___元/工日		未计价材料费				
清单项目综合单价						

材料费明细	主要材料名称、规格、型号	单位	数量	单价（元）	合价（元）	暂估单价（元）	暂估合价（元）
	其他材料费						
	材料费小计						

注　管理费按人工费___％，利润按人工费___计。

表 1 - 29

工程量清单综合单价分析表

工程名称：某住宅楼给排水工程　　　　　　　　　　标段：　　　　　　　　　　第 19 页　共　页

项目编码		项目名称			计量单位	

清 单 综 合 单 价 组 成 明 细

定额编号	定额名称	定额单位	数量	单　价					合　价				
				人工费	材料费	机械费	管理费	利润	人工费	材料费	机械费	管理费	利润

人工单价	小　计								
___元/工日	未计价材料费								
清单项目综合单价									

材料费明细	主要材料名称、规格、型号	单位	数量	单价（元）	合价（元）	暂估单价（元）	暂估合价（元）
	其他材料费						
	材料费小计						

注　管理费按人工费___%，利润按人工费___计。

表 1 - 30

工程量清单综合单价分析表

工程名称：某住宅楼给排水工程　　　　　　　　　　标段：　　　　　　　　　　第 20 页　共　页

项目编码		项目名称			计量单位	

清 单 综 合 单 价 组 成 明 细

定额编号	定额名称	定额单位	数量	单　价					合　价				
				人工费	材料费	机械费	管理费	利润	人工费	材料费	机械费	管理费	利润

人工单价	小　计								
___元/工日	未计价材料费								
清单项目综合单价									

材料费明细	主要材料名称、规格、型号	单位	数量	单价（元）	合价（元）	暂估单价（元）	暂估合价（元）
	其他材料费						
	材料费小计						

注　管理费按人工费___%，利润按人工费___计。

表 1 - 31

工程量清单综合单价分析表

工程名称：某住宅楼给排水工程 标段：

项目编码		项目名称			计量单位	

清 单 综 合 单 价 组 成 明 细

定额编号	定额名称	定额单位	数量	单 价					合 价				
				人工费	材料费	机械费	管理费	利润	人工费	材料费	机械费	管理费	利润

人工单价	小 计							
___元/工日	未计价材料费							
清单项目综合单价								

材料费明细	主要材料名称、规格、型号	单位	数量	单价（元）	合价（元）	暂估单价（元）	暂估合价（元）
	其他材料费						
	材料费小计						

注 管理费按人工费___％，利润按人工费___计。

表 1 - 32

工程量清单综合单价分析表

工程名称：某住宅楼给排水工程 标段：

项目编码		项目名称			计量单位	

清 单 综 合 单 价 组 成 明 细

定额编号	定额名称	定额单位	数量	单 价					合 价				
				人工费	材料费	机械费	管理费	利润	人工费	材料费	机械费	管理费	利润

人工单价	小 计							
___元/工日	未计价材料费							
清单项目综合单价								

材料费明细	主要材料名称、规格、型号	单位	数量	单价（元）	合价（元）	暂估单价（元）	暂估合价（元）
	其他材料费						
	材料费小计						

注 管理费按人工费___％，利润按人工费___计。

表 1 - 33   **工程量清单综合单价分析表**

工程名称：某住宅楼给排水工程   标段：   第23页 共 页

项目编码			项目名称						计量单位		
清单综合单价组成明细											
定额编号	定额名称	定额单位	数量	单价					合价		
				人工费	材料费	机械费	管理费	利润	人工费	材料费	机械费	管理费	利润
人工单价			小 计								
___元/工日			未计价材料费								
清单项目综合单价											
材料费明细	主要材料名称、规格、型号				单位		数量		单价（元）	合价（元）	暂估单价（元）	暂估合价（元）
	其他材料费										
	材料费小计										

注 管理费按人工费___%，利润按人工费___计。

表 1 - 34   **工程量清单综合单价分析表**

工程名称：某住宅楼给排水工程   标段：   第24页 共 页

项目编码			项目名称						计量单位		
清单综合单价组成明细											
定额编号	定额名称	定额单位	数量	单价					合价		
				人工费	材料费	机械费	管理费	利润	人工费	材料费	机械费	管理费	利润
人工单价			小 计								
___元/工日			未计价材料费								
清单项目综合单价											
材料费明细	主要材料名称、规格、型号				单位		数量		单价（元）	合价（元）	暂估单价（元）	暂估合价（元）
	其他材料费										
	材料费小计										

注 管理费按人工费___%，利润按人工费___计。

表 1 - 35

工程量清单综合单价分析表

工程名称：某住宅楼给排水工程　　　　　　　　　　　标段：　　　　　　　　　　　　　　　

项目编码				项目名称									计量单位		
清单综合单价组成明细															
定额编号	定额名称	定额单位	数量	单　　价					合　　价						
				人工费	材料费	机械费	管理费	利润	人工费	材料费	机械费	管理费	利润		
人工单价				小　　计											
___元/工日				未计价材料费											
清单项目综合单价															
材料费明细	主要材料名称、规格、型号				单位		数量		单价（元）	合价（元）	暂估单价（元）		暂估合价（元）		
	其他材料费														
	材料费小计														

注　管理费按人工费____%，利润按人工费____计。

表 1 - 36

工程量清单综合单价分析表

工程名称：某住宅楼给排水工程　　　　　　　　　　　标段：　　　　　　　　　　　　　　　

项目编码				项目名称									计量单位		
清单综合单价组成明细															
定额编号	定额名称	定额单位	数量	单　　价					合　　价						
				人工费	材料费	机械费	管理费	利润	人工费	材料费	机械费	管理费	利润		
人工单价				小　　计											
___元/工日				未计价材料费											
清单项目综合单价															
材料费明细	主要材料名称、规格、型号				单位		数量		单价（元）	合价（元）	暂估单价（元）		暂估合价（元）		
	其他材料费														
	材料费小计														

注　管理费按人工费____%，利润按人工费____计。

表 1 - 37

工程量清单综合单价分析表

工程名称：某住宅楼给排水工程　　　　　　　　标段：　　　　　　　　　　　　第 27 页 共 页

项目编码		项目名称			计量单位	

清单综合单价组成明细

定额编号	定额名称	定额单位	数量	单　价					合　价				
				人工费	材料费	机械费	管理费	利润	人工费	材料费	机械费	管理费	利润

人工单价	小　计								
___元/工日	未计价材料费								
清单项目综合单价									

材料费明细	主要材料名称、规格、型号	单位	数量	单价（元）	合价（元）	暂估单价（元）	暂估合价（元）
	其他材料费						
	材料费小计						

注 管理费按人工费___%，利润按人工费___计。

表 1 - 38

工程量清单综合单价分析表

工程名称：某住宅楼给排水工程　　　　　　　　标段：　　　　　　　　　　　　第 28 页 共 页

项目编码		项目名称			计量单位	

清单综合单价组成明细

定额编号	定额名称	定额单位	数量	单　价					合　价				
				人工费	材料费	机械费	管理费	利润	人工费	材料费	机械费	管理费	利润

人工单价	小　计								
___元/工日	未计价材料费								
清单项目综合单价									

材料费明细	主要材料名称、规格、型号	单位	数量	单价（元）	合价（元）	暂估单价（元）	暂估合价（元）
	其他材料费						
	材料费小计						

注 管理费按人工费___%，利润按人工费___计。

表 1 - 39

工程量清单综合单价分析表

工程名称：某住宅楼给排水工程 　　　　　　　　　　　　　　标段： 　　　　　　　　　　　　　　第 29 页 共 页

项目编码		项目名称			计量单位	
清单综合单价组成明细						

定额编号	定额名称	定额单位	数量	单 价					合 价				
				人工费	材料费	机械费	管理费	利润	人工费	材料费	机械费	管理费	利润

人工单价	小 计
___元/工日	未计价材料费
清单项目综合单价	

材料费明细	主要材料名称、规格、型号	单位	数量	单价（元）	合价（元）	暂估单价（元）	暂估合价（元）
	其他材料费						
	材料费小计						

注 管理费按人工费___％，利润按人工费___计。

表 1 - 40

工程量清单综合单价分析表

工程名称：某住宅楼给排水工程 　　　　　　　　　　　　　　标段： 　　　　　　　　　　　　　　第 30 页 共 页

项目编码		项目名称			计量单位	
清单综合单价组成明细						

定额编号	定额名称	定额单位	数量	单 价					合 价				
				人工费	材料费	机械费	管理费	利润	人工费	材料费	机械费	管理费	利润

人工单价	小 计
___元/工日	未计价材料费
清单项目综合单价	

材料费明细	主要材料名称、规格、型号	单位	数量	单价（元）	合价（元）	暂估单价（元）	暂估合价（元）
	其他材料费						
	材料费小计						

注 管理费按人工费___％，利润按人工费___计。

表1-41

工程量清单综合单价分析表

工程名称：某住宅楼给排水工程   标段：

项目编码						项目名称					计量单位		

清 单 综 合 单 价 组 成 明 细

定额编号	定额名称	定额单位	数量	单 价					合 价				
				人工费	材料费	机械费	管理费	利润	人工费	材料费	机械费	管理费	利润
人工单价				小 计									
___元/工日				未计价材料费									
清单项目综合单价													

材料费明细	主要材料名称、规格、型号				单位	数量	单价（元）	合价（元）	暂估单价（元）	暂估合价（元）
	其他材料费									
	材料费小计									

注 管理费按人工费___%，利润按人工费___计。

6. 总价措施项目清单计价表（见表1-42）

表1-42

总价措施项目清单计价表

工程名称：某住宅楼给排水工程   标段：

序号	项目编码	项目名称	计算基础	费率（%）	金额（元）	调整费率（%）	调整后金额（元）	备注
		合 计						

编制人（造价人员）：   复核人（造价工程师）：

注 计算基础为人工费。

7. 规费、税金项目计价表（见表1-43）

表 1 - 43   规费、税金项目计价表

工程名称：某住宅楼给排水工程   标段：   第　页　共　页

序号	项目名称	计算基础	计算基数	计算费率（%）	金额（元）
合计					

编制人（造价人员）：   复核人（造价工程师）：

注　1. 规费的计算基础为：分部分项工程费＋措施项目费＋其他项目费。其他项目费本例不计。

　　2. 税金的计算基础为：分部分项工程费＋措施项目费＋其他项目费＋规费。其他项目费本例不计。

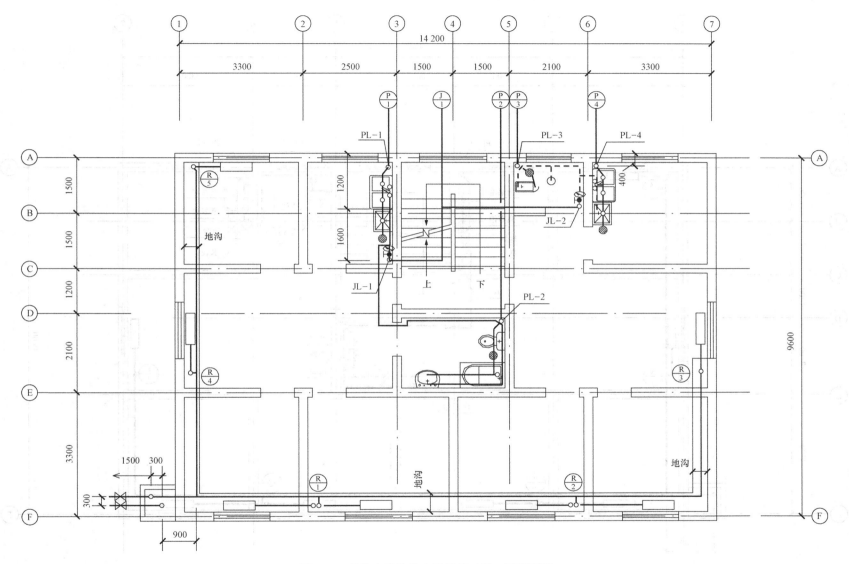

图 1-1 某住宅楼给排水及采暖工程一层平面图

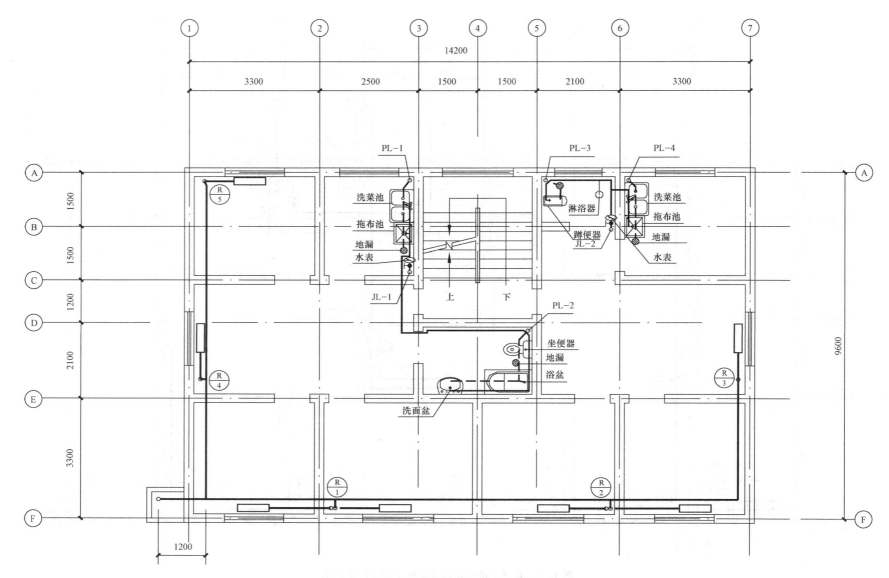

图1-2　某住宅楼给排水及采暖工程四层平面图

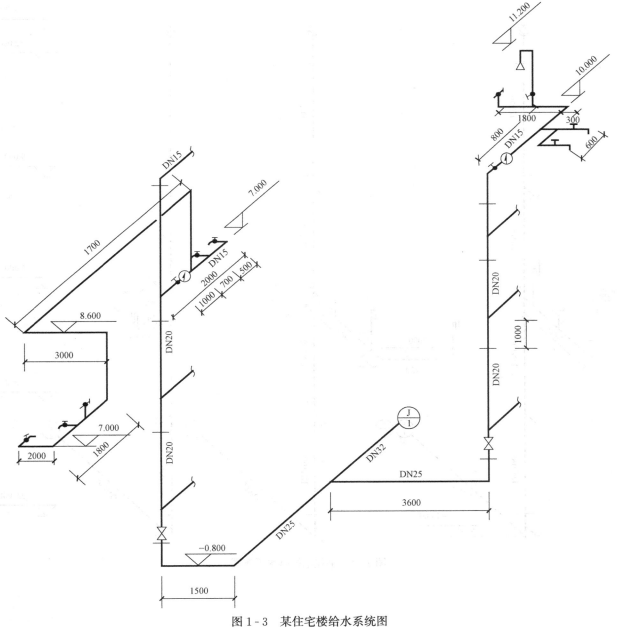

图 1-3 某住宅楼给水系统图

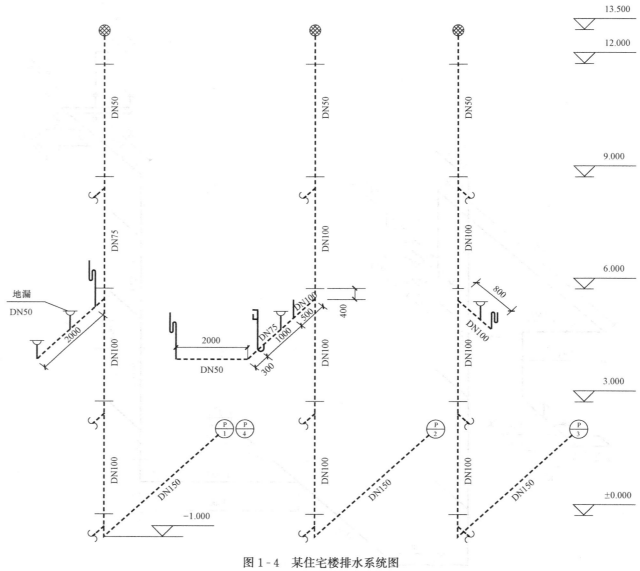

图1-4 某住宅楼排水系统图

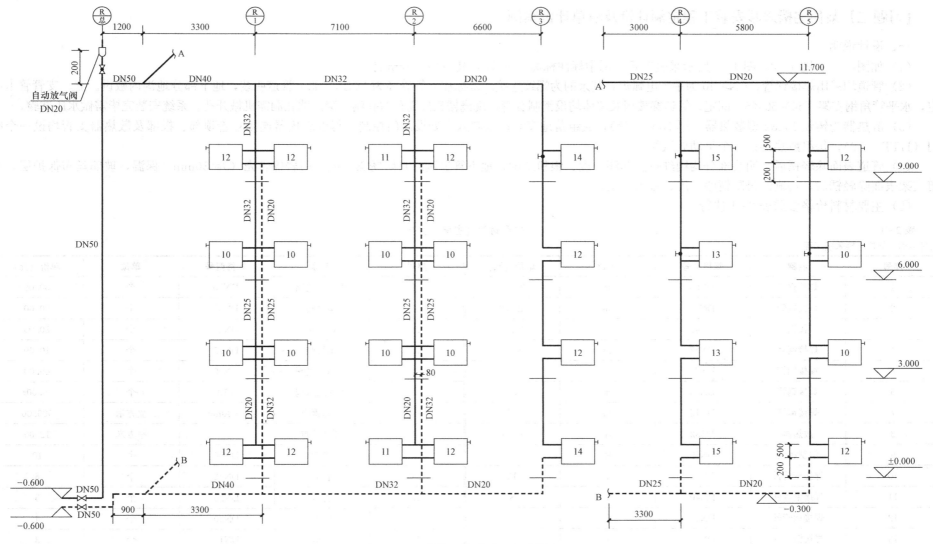

图 1-5 某住宅楼采暖工程系统图

【习题二】某住宅楼采暖安装工程定额计价及清单计价案例

一、设计说明

（1）如图 1-1、图 1-2、图 1-5 所示采暖工程，图中标注标高以 m 计，其余均以 mm 计。

（2）管道均采用焊接钢管，DN≥40 为手工电弧焊，其余的为螺纹连接。未标注支管管径为 DN15。地上管道明装，地下部分地沟内敷设。立、支管管卡固定，水平管角钢支架（50×50×5）固定。管道穿楼板及墙体均设钢制套管，现浇楼板处需预留孔洞，穿砖墙孔洞需机械开孔。系统安装完毕需做水压试验。

（3）散热器为铸铁 M132 型散热器（厚 70mm/片），成组落地安装；采暖入户处设阀门控制，每组散热器连接立管顶部、根部及散热器支管均设一个阀门（J11T-1.0）；每组散热器设一个手动放风阀。

（4）管道表面除轻锈后，明装部分均刷红丹防锈漆一度、银粉二度；地下管道刷红丹防锈漆一度，用岩棉管壳（δ=30mm）保温，玻璃丝布保护层。管道支架表面除轻锈后，均刷红丹防锈漆一度、银粉二度。

（5）主要材料价格参照表 2-1 执行。

表 2-1　　　　　　　　　　　　　　　　　　　　　　　　主要材料（主材）价格

项目名称：某住宅楼采暖工程

序号	名称	规格型号	单位	单价（元）	序号	名称	规格型号	单位	单价（元）
1	焊接钢管	DN80	m	20.00	17	钢制法兰阀	DN50	个	50.00
2	焊接钢管	DN50	m	12.00	18	螺纹阀	DN32	个	30.00
3	焊接钢管	DN40	m	10.00	19	螺纹阀	DN20	个	20.00
4	焊接钢管	DN32	m	8.00	20	螺纹阀	DN15	个	10.00
5	焊接钢管	DN25	m	6.00	21	自动排气阀	DN20	个	40.00
6	焊接钢管	DN20	m	5.00	22	手动放风阀	Φ10	个	5.00
7	焊接钢管	DN15	m	4.00	23	岩棉管壳	δ=30mm	立方米	500.00
8	散热器	M132	片	60.00	24	玻璃丝布		平方米	12.00
9	钢制法兰	DN50	片	20	25	管卡	DN50	个	10
10	焊接钢管件	DN50	个	10	26	管卡	DN32	个	6
11	焊接钢管件	DN40	个	8	27	管卡	DN25	个	5
12	焊接钢管件	DN32	个	6	28	管卡	DN20	个	4
13	焊接钢管件	DN25	个	5	29	管卡	DN15	个	3
14	焊接钢管件	DN20	个	4	30	红丹防锈漆		kg	5
15	焊接钢管件	DN15	个	3	31	银粉漆		kg	8
16	角钢	50×50×5	kg	5.00					

二、定额计价模式确定工程造价

1. 工程量计算（见表 2 - 2）

表 2 - 2

工 程 量 计 算 书

序号	项目名称	单位	计算公式	工程数量（地沟）	水平管	立管	支管
1							
2							
3							
4							
5							
6							
7							
8							
9							
10							
11							
12							
13							
14							
15							
16							
17							
18							
19							
20							

续表

序号	项目名称	单位	计算公式	工程数量（地沟）	水平管	立管	支管
21							
22							
23							
24							
25							
26							
27							
28							
29							
30							
31							
32							
33							
34							
35							
36							
37							
38							
39							
40							
41							
42							
43							
44							
45							

注　1. 管道支架制作安装根据《山东省安装工程消耗量定额》（2016）第十册附录四计算。

　　2. 立管按距墙 50mm 计算。

2. 计算分部分项工程费（见表 2-3）

表 2-3　　　　　　　　　　　安装工程预（结）算书

工程名称：某宿舍楼采暖安装工程　　　　　　　　　　　　　　　　　　　　　　共 1 页　第 1 页

序号	定额编号	项目名称	单位	数量	增值税（一般计税）			合计		
					单价	人工费	主材费	合价	人工费	主材费
1										
2										
3										
4										
5										
6										
7										
8										
9										
10										
11										
12										
13										
14										
15										

续表

序号	定额编号	项目名称	单位	数量	增值税（一般计税）			合计		
					单价	人工费	主材费	合价	人工费	主材费
16										
17										
18										
19										
20										
21										
22										
23										
24										
25										
26										
27										
28										
29										
30										
31										
32										
33										
34										
35										
36										
37										
38										
39										
40										
41										

注　1. 管道单价主材费按第十册管道定额损耗乘以主材单价。

　　2. 管件数量按第十册管件定额损耗乘以管道长度。

3. 计算安装工程费用（造价）（见表 2-4）

表 2-4　　　　　　　　　　　　　　　　　　　　　　　　**定额计价的计算程序**

项目名称：某办公楼采暖工程

序号	费用名称	计算方法	金额（元）

三、工程量清单（见表 2-5）

表 2-5　　　　　　　　　　　分部分项工程和单价措施项目清单

工程名称：某住宅楼采暖安装工程

序号	项目编码	项目名称	项目特征描述	计量单位	工程量

四、工程量清单计价

1. 工程量清单综合计价分析表（见表 2-6～表 2-31）

表 2-6

工程量清单综合单价分析表

工程名称：某住宅楼采暖工程　　　　　　　　标段：　　　　　　　　　　第1页 共 页

项目编码		项目名称		计量单位	

清 单 综 合 单 价 组 成 明 细

定额编号	定额名称	定额单位	数量	单　价					合　价				
				人工费	材料费	机械费	管理费	利润	人工费	材料费	机械费	管理费	利润

人工单价	小　计	
___元/工日	未计价材料费	
	清单项目综合单价	

材料费明细	主要材料名称、规格、型号	单位	数量	单价（元）	合价（元）	暂估单价（元）	暂估合价（元）
	其他材料费						
	材料费小计						

注　管理费按人工费___％，利润按人工费___计。

表 2-7

工程量清单综合单价分析表

工程名称：某住宅楼采暖工程　　　　　　　　标段：　　　　　　　　　　第2页 共 页

项目编码		项目名称		计量单位	

清 单 综 合 单 价 组 成 明 细

定额编号	定额名称	定额单位	数量	单　价					合　价				
				人工费	材料费	机械费	管理费	利润	人工费	材料费	机械费	管理费	利润

人工单价	小　计	
___元/工日	未计价材料费	
	清单项目综合单价	

材料费明细	主要材料名称、规格、型号	单位	数量	单价（元）	合价（元）	暂估单价（元）	暂估合价（元）
	其他材料费						
	材料费小计						

注　管理费按人工费___％，利润按人工费___计。

表 2-8

工程量清单综合单价分析表

工程名称：某住宅楼采暖工程　　　　　　标段：　　　　　　　　　　　　　　　第 3 页 共 页

项目编码					项目名称					计量单位		
清单综合单价组成明细												
定额编号	定额名称	定额单位	数量	单 价					合 价			
				人工费	材料费	机械费	管理费	利润	人工费	材料费	机械费	管理费	利润
人工单价		小 计										
___元/工日		未计价材料费										
		清单项目综合单价										
材料费明细	主要材料名称、规格、型号			单位		数量		单价（元）	合价（元）	暂估单价（元）	暂估合价（元）	
	其他材料费											
	材料费小计											

注　管理费按人工费___％，利润按人工费___计。

表 2-9

工程量清单综合单价分析表

工程名称：某住宅楼采暖工程　　　　　　标段：　　　　　　　　　　　　　　　第 4 页 共 页

项目编码					项目名称					计量单位		
清单综合单价组成明细												
定额编号	定额名称	定额单位	数量	单 价					合 价			
				人工费	材料费	机械费	管理费	利润	人工费	材料费	机械费	管理费	利润
人工单价		小 计										
___元/工日		未计价材料费										
		清单项目综合单价										
材料费明细	主要材料名称、规格、型号			单位		数量		单价（元）	合价（元）	暂估单价（元）	暂估合价（元）	
	其他材料费											
	材料费小计											

注　管理费按人工费___％，利润按人工费___计。

表 2-10   **工程量清单综合单价分析表**

工程名称：某住宅楼采暖工程   标段：   第5页 共 页

项目编码				项目名称					计量单位			
清单综合单价组成明细												
定额编号	定额名称	定额单位	数量	单价					合价				
				人工费	材料费	机械费	管理费	利润	人工费	材料费	机械费	管理费	利润
人工单价			小 计										
___元/工日			未计价材料费										
			清单项目综合单价										
材料费明细	主要材料名称、规格、型号				单位		数量		单价（元）	合价（元）	暂估单价（元）	暂估合价（元）	
	其他材料费												
	材料费小计												

注 管理费按人工费___%，利润按人工费___计。

表 2-11   **工程量清单综合单价分析表**

工程名称：某住宅楼采暖工程   标段：   第6页 共 页

项目编码				项目名称					计量单位			
清单综合单价组成明细												
定额编号	定额名称	定额单位	数量	单价					合价				
				人工费	材料费	机械费	管理费	利润	人工费	材料费	机械费	管理费	利润
人工单价			小 计										
___元/工日			未计价材料费										
			清单项目综合单价										
材料费明细	主要材料名称、规格、型号				单位		数量		单价（元）	合价（元）	暂估单价（元）	暂估合价（元）	
	其他材料费												
	材料费小计												

注 管理费按人工费___%，利润按人工费___计。

表 2 - 12　　　　　　　　　　　　　　　　**工程量清单综合单价分析表**

工程名称：某住宅楼采暖工程　　　　　　　　　　标段：　　　　　　　　　　　　　　　　　第 7 页　共　页

项目编码		项目名称		计量单位	

清 单 综 合 单 价 组 成 明 细													
定额编号	定额名称	定额单位	数量	单　价					合　价				
				人工费	材料费	机械费	管理费	利润	人工费	材料费	机械费	管理费	利润

人工单价	小　计	
___元/工日	未计价材料费	
清单项目综合单价		

材料费明细	主要材料名称、规格、型号	单位	数量	单价（元）	合价（元）	暂估单价（元）	暂估合价（元）
	其他材料费						
	材料费小计						

注　管理费按人工费___%，利润按人工费___计。

表 2 - 13　　　　　　　　　　　　　　　　**工程量清单综合单价分析表**

工程名称：某住宅楼采暖工程　　　　　　　　　　标段：　　　　　　　　　　　　　　　　　第 8 页　共　页

项目编码		项目名称		计量单位	

清 单 综 合 单 价 组 成 明 细													
定额编号	定额名称	定额单位	数量	单　价					合　价				
				人工费	材料费	机械费	管理费	利润	人工费	材料费	机械费	管理费	利润

人工单价	小　计	
___元/工日	未计价材料费	
清单项目综合单价		

材料费明细	主要材料名称、规格、型号	单位	数量	单价（元）	合价（元）	暂估单价（元）	暂估合价（元）
	其他材料费						
	材料费小计						

注　管理费按人工费___%，利润按人工费___计。

表 2 - 14　　　　　　　　　　　　　　　　**工程量清单综合单价分析表**

工程名称：某住宅楼采暖工程　　　　　　　　　标段：　　　　　　　　　　　　　　　　　　　第 9 页 共 页

项目编码		项目名称				计量单位		

<table>
<tr><td colspan="14" align="center">清 单 综 合 单 价 组 成 明 细</td></tr>
<tr><td rowspan="2">定额编号</td><td rowspan="2">定额名称</td><td rowspan="2">定额单位</td><td rowspan="2">数量</td><td colspan="5" align="center">单　价</td><td colspan="5" align="center">合　价</td></tr>
<tr><td>人工费</td><td>材料费</td><td>机械费</td><td>管理费</td><td>利润</td><td>人工费</td><td>材料费</td><td>机械费</td><td>管理费</td><td>利润</td></tr>
<tr><td colspan="2" rowspan="2" align="center">人工单价</td><td colspan="12" align="center">小　计</td></tr>
<tr><td colspan="12" align="center">未计价材料费</td></tr>
<tr><td colspan="2" align="center">____元/工日</td><td colspan="12" align="center">清单项目综合单价</td></tr>
<tr><td rowspan="3" align="center">材料费明细</td><td colspan="5" align="center">主要材料名称、规格、型号</td><td align="center">单位</td><td align="center">数量</td><td colspan="2" align="center">单价（元）</td><td colspan="2" align="center">合价（元）</td><td align="center">暂估单价（元）</td><td align="center">暂估合价（元）</td></tr>
<tr><td colspan="5" align="center">其他材料费</td><td></td><td></td><td colspan="2"></td><td colspan="2"></td><td></td><td></td></tr>
<tr><td colspan="5" align="center">材料费小计</td><td></td><td></td><td colspan="2"></td><td colspan="2"></td><td></td><td></td></tr>
</table>

注　管理费按人工费____%，利润按人工费____计。

表 2 - 15　　　　　　　　　　　　　　　　**工程量清单综合单价分析表**

工程名称：某住宅楼采暖工程　　　　　　　　　标段：　　　　　　　　　　　　　　　　　　第 10 页 共 页

项目编码		项目名称				计量单位		

<table>
<tr><td colspan="14" align="center">清 单 综 合 单 价 组 成 明 细</td></tr>
<tr><td rowspan="2">定额编号</td><td rowspan="2">定额名称</td><td rowspan="2">定额单位</td><td rowspan="2">数量</td><td colspan="5" align="center">单　价</td><td colspan="5" align="center">合　价</td></tr>
<tr><td>人工费</td><td>材料费</td><td>机械费</td><td>管理费</td><td>利润</td><td>人工费</td><td>材料费</td><td>机械费</td><td>管理费</td><td>利润</td></tr>
<tr><td colspan="2" rowspan="2" align="center">人工单价</td><td colspan="12" align="center">小　计</td></tr>
<tr><td colspan="12" align="center">未计价材料费</td></tr>
<tr><td colspan="2" align="center">____元/工日</td><td colspan="12" align="center">清单项目综合单价</td></tr>
<tr><td rowspan="3" align="center">材料费明细</td><td colspan="5" align="center">主要材料名称、规格、型号</td><td align="center">单位</td><td align="center">数量</td><td colspan="2" align="center">单价（元）</td><td colspan="2" align="center">合价（元）</td><td align="center">暂估单价（元）</td><td align="center">暂估合价（元）</td></tr>
<tr><td colspan="5" align="center">其他材料费</td><td></td><td></td><td colspan="2"></td><td colspan="2"></td><td></td><td></td></tr>
<tr><td colspan="5" align="center">材料费小计</td><td></td><td></td><td colspan="2"></td><td colspan="2"></td><td></td><td></td></tr>
</table>

注　管理费按人工费____%，利润按人工费____计。

表 2 - 16　　　　　　　　　　　　　　　　　　　**工程量清单综合单价分析表**

工程名称：某住宅楼采暖工程　　　　　　　　　　标段：　　　　　　　　　　　　　　　　　第 11 页　共　页

项目编码		项目名称					计量单位		
清 单 综 合 单 价 组 成 明 细									

定额编号	定额名称	定额单位	数量	单　价					合　价				
				人工费	材料费	机械费	管理费	利润	人工费	材料费	机械费	管理费	利润
人工单价				小　计									
___元/工日				未计价材料费									
清单项目综合单价													

材料费明细	主要材料名称、规格、型号			单位		数量		单价（元）	合价（元）	暂估单价（元）	暂估合价（元）
	其他材料费										
	材料费小计										

注　管理费按人工费___％，利润按人工费___计。

表 2 - 17　　　　　　　　　　　　　　　　　　　**工程量清单综合单价分析表**

工程名称：某住宅楼采暖工程　　　　　　　　　　标段：　　　　　　　　　　　　　　　　　第 12 页　共　页

项目编码		项目名称					计量单位		
清 单 综 合 单 价 组 成 明 细									

定额编号	定额名称	定额单位	数量	单　价					合　价				
				人工费	材料费	机械费	管理费	利润	人工费	材料费	机械费	管理费	利润
人工单价				小　计									
___元/工日				未计价材料费									
清单项目综合单价													

材料费明细	主要材料名称、规格、型号			单位		数量		单价（元）	合价（元）	暂估单价（元）	暂估合价（元）
	其他材料费										
	材料费小计										

注　管理费按人工费___％，利润按人工费___计。

表 2 - 18

工程量清单综合单价分析表

工程名称：某住宅楼采暖工程　　　　　　　　　　　　　　标段：　　　　　　　　　　　　　　　　　　第 13 页　共　页

项目编码		项目名称			计量单位		

清单综合单价组成明细

定额编号	定额名称	定额单位	数量	单 价					合 价				
				人工费	材料费	机械费	管理费	利润	人工费	材料费	机械费	管理费	利润
人工单价			小 计										
___元/工日			未计价材料费										
清单项目综合单价													

材料费明细	主要材料名称、规格、型号		单位	数量	单价（元）	合价（元）	暂估单价（元）	暂估合价（元）
	其他材料费							
	材料费小计							

注　管理费按人工费____%，利润按人工费____计。

表 2 - 19

工程量清单综合单价分析表

工程名称：某住宅楼采暖工程　　　　　　　　　　　　　　标段：　　　　　　　　　　　　　　　　　　第 14 页　共　页

项目编码		项目名称			计量单位		

清单综合单价组成明细

定额编号	定额名称	定额单位	数量	单 价					合 价				
				人工费	材料费	机械费	管理费	利润	人工费	材料费	机械费	管理费	利润
人工单价			小 计										
___元/工日			未计价材料费										
清单项目综合单价													

材料费明细	主要材料名称、规格、型号		单位	数量	单价（元）	合价（元）	暂估单价（元）	暂估合价（元）
	其他材料费							
	材料费小计							

注　管理费按人工费____%，利润按人工费____计。

表 2 - 20

工程量清单综合单价分析表

工程名称：某住宅楼采暖工程　　　　　　　　　　标段：　　　　　　　　　　　　　　第 15 页　共　页

项目编码		项目名称		计量单位	

清单综合单价组成明细													
定额编号	定额名称	定额单位	数量	单价					合价				
				人工费	材料费	机械费	管理费	利润	人工费	材料费	机械费	管理费	利润

人工单价	小　计							
___元/工日	未计价材料费							
	清单项目综合单价							

材料费明细	主要材料名称、规格、型号	单位	数量	单价（元）	合价（元）	暂估单价（元）	暂估合价（元）
	其他材料费						
	材料费小计						

注　管理费按人工费___%，利润按人工费___计。

表 2 - 21

工程量清单综合单价分析表

工程名称：某住宅楼采暖工程　　　　　　　　　　标段：　　　　　　　　　　　　　　第 16 页　共　页

项目编码		项目名称		计量单位	

清单综合单价组成明细													
定额编号	定额名称	定额单位	数量	单价					合价				
				人工费	材料费	机械费	管理费	利润	人工费	材料费	机械费	管理费	利润

人工单价	小　计							
___元/工日	未计价材料费							
	清单项目综合单价							

材料费明细	主要材料名称、规格、型号	单位	数量	单价（元）	合价（元）	暂估单价（元）	暂估合价（元）
	其他材料费						
	材料费小计						

注　管理费按人工费___%，利润按人工费___计。

表 2 - 22

工程量清单综合单价分析表

工程名称：某住宅楼采暖工程   标段：

项目编码				项目名称						计量单位			
					清 单 综 合 单 价 组 成 明 细								
定额编号	定额名称	定额单位	数量	单 价					合 价				
				人工费	材料费	机械费	管理费	利润	人工费	材料费	机械费	管理费	利润
人工单价			小 计										
___元/工日			未计价材料费										
清单项目综合单价													
材料费明细	主要材料名称、规格、型号				单位		数量		单价（元）	合价（元）	暂估单价（元）	暂估合价（元）	
	其他材料费												
	材料费小计												

注 管理费按人工费___％，利润按人工费___计。

表 2 - 23

工程量清单综合单价分析表

工程名称：某住宅楼采暖工程   标段：

项目编码				项目名称						计量单位			
					清 单 综 合 单 价 组 成 明 细								
定额编号	定额名称	定额单位	数量	单 价					合 价				
				人工费	材料费	机械费	管理费	利润	人工费	材料费	机械费	管理费	利润
人工单价			小 计										
___元/工日			未计价材料费										
清单项目综合单价													
材料费明细	主要材料名称、规格、型号				单位		数量		单价（元）	合价（元）	暂估单价（元）	暂估合价（元）	
	其他材料费												
	材料费小计												

注 管理费按人工费___％，利润按人工费___计。

表 2 - 24

工程量清单综合单价分析表

工程名称：某住宅楼采暖工程　　　　　　标段：　　　　　　　　　　　　　　第 19 页 共 页

项目编码		项目名称				计量单位	

清 单 综 合 单 价 组 成 明 细

定额编号	定额名称	定额单位	数量	单 价					合 价				
				人工费	材料费	机械费	管理费	利润	人工费	材料费	机械费	管理费	利润

人工单价	小 计
___元/工日	未计价材料费
清单项目综合单价	

材料费明细	主要材料名称、规格、型号	单位	数量	单价（元）	合价（元）	暂估单价（元）	暂估合价（元）
	其他材料费						
	材料费小计						

注　管理费按人工费___％，利润按人工费___计。

表 2 - 25

工程量清单综合单价分析表

工程名称：某住宅楼采暖工程　　　　　　标段：　　　　　　　　　　　　　　第 20 页 共 页

项目编码		项目名称				计量单位	

清 单 综 合 单 价 组 成 明 细

定额编号	定额名称	定额单位	数量	单 价					合 价				
				人工费	材料费	机械费	管理费	利润	人工费	材料费	机械费	管理费	利润

人工单价	小 计
___元/工日	未计价材料费
清单项目综合单价	

材料费明细	主要材料名称、规格、型号	单位	数量	单价（元）	合价（元）	暂估单价（元）	暂估合价（元）
	其他材料费						
	材料费小计						

注　管理费按人工费___％，利润按人工费___计。

表 2 - 26

工程量清单综合单价分析表

工程名称：某住宅楼采暖工程   标段：   第 21 页 共 页

项目编码			项目名称					计量单位		
清单综合单价组成明细										
定额编号	定额名称	定额单位	数量	单 价					合 价				
				人工费	材料费	机械费	管理费	利润	人工费	材料费	机械费	管理费	利润
人工单价			小 计										
___元/工日			未计价材料费										
			清单项目综合单价										
材料费明细			主要材料名称、规格、型号			单位		数量	单价（元）	合价（元）	暂估单价（元）	暂估合价（元）	
			其他材料费										
			材料费小计										

注 管理费按人工费___%，利润按人工费___计。

表 2 - 27

工程量清单综合单价分析表

工程名称：某住宅楼采暖工程   标段：   第 22 页 共 页

项目编码			项目名称					计量单位		
清单综合单价组成明细										
定额编号	定额名称	定额单位	数量	单 价					合 价				
				人工费	材料费	机械费	管理费	利润	人工费	材料费	机械费	管理费	利润
人工单价			小 计										
___元/工日			未计价材料费										
			清单项目综合单价										
材料费明细			主要材料名称、规格、型号			单位		数量	单价（元）	合价（元）	暂估单价（元）	暂估合价（元）	
			其他材料费										
			材料费小计										

注 管理费按人工费___%，利润按人工费___计。

62　　　　　　　　　　　　　　　　　　　　　第一部分　安装工程造价实训案例

表 2-28

工程量清单综合单价分析表

工程名称：某住宅楼采暖工程　　　　　　　　标段：　　　　　　　　　　　　　　第23页 共 页

项目编码		项目名称		计量单位	

清单综合单价组成明细

定额编号	定额名称	定额单位	数量	单价					合价				
				人工费	材料费	机械费	管理费	利润	人工费	材料费	机械费	管理费	利润
人工单价			小　计										
___元/工日			未计价材料费										
清单项目综合单价													

材料费明细	主要材料名称、规格、型号	单位	数量	单价（元）	合价（元）	暂估单价（元）	暂估合价（元）
	其他材料费						
	材料费小计						

注　管理费按人工费___%，利润按人工费___计。

表 2-29

工程量清单综合单价分析表

工程名称：某住宅楼采暖工程　　　　　　　　标段：　　　　　　　　　　　　　　第24页 共 页

项目编码		项目名称		计量单位	

清单综合单价组成明细

定额编号	定额名称	定额单位	数量	单价					合价				
				人工费	材料费	机械费	管理费	利润	人工费	材料费	机械费	管理费	利润
人工单价			小　计										
___元/工日			未计价材料费										
清单项目综合单价													

材料费明细	主要材料名称、规格、型号	单位	数量	单价（元）	合价（元）	暂估单价（元）	暂估合价（元）
	其他材料费						
	材料费小计						

注　管理费按人工费___%，利润按人工费___计。

表 2 - 30

工程量清单综合单价分析表

工程名称：某住宅楼采暖工程　　　　　　　　　标段：　　　　　　　　　　　　　　第 25 页　共　页

项目编码		项目名称						计量单位		

清 单 综 合 单 价 组 成 明 细

定额编号	定额名称	定额单位	数量	单　价					合　价				
				人工费	材料费	机械费	管理费	利润	人工费	材料费	机械费	管理费	利润
人工单价		小　计											
___元/工日		未计价材料费											
清单项目综合单价													

材料费明细	主要材料名称、规格、型号			单位	数量	单价（元）	合价（元）	暂估单价（元）	暂估合价（元）
	其他材料费								
	材料费小计								

注　管理费按人工费____%，利润按人工费____计。

表 2 - 31

工程量清单综合单价分析表

工程名称：某住宅楼采暖工程　　　　　　　　　标段：　　　　　　　　　　　　　　第 26 页　共　页

项目编码		项目名称						计量单位		

清 单 综 合 单 价 组 成 明 细

定额编号	定额名称	定额单位	数量	单　价					合　价				
				人工费	材料费	机械费	管理费	利润	人工费	材料费	机械费	管理费	利润
人工单价		小　计											
___元/工日		未计价材料费											
清单项目综合单价													

材料费明细	主要材料名称、规格、型号			单位	数量	单价（元）	合价（元）	暂估单价（元）	暂估合价（元）
	其他材料费								
	材料费小计								

注　管理费按人工费____%，利润按人工费____计。

2. 分部分项工程和单价措施项目清单计价表（见表 2 - 32）

表 2 - 32　　　　　　　　　　　　　　　　　分部分项工程和单价措施项目清单计价表

工程名称：某住宅楼采暖安装工程

序号	项目编码	项目名称	项目特征描述	计量单位	工程量	金额（元）			
						综合单价	合价	其中：人工费	其中：暂估价

3. 总价措施项目清单计价表（见表 2 - 33）

表 2 - 33　　　　　　　　　　　　　　　　　　　　**总价措施项目清单表**

工程名称：某住宅楼采暖安装工程　　　　　　　　　　标段：　　　　　　　　　　　　　　　　　第 页 共 页

序号	项目编码	项目名称	计算基础	费率（%）	金额（元）	调整费率（%）	调整后金额（元）	备注
合　计								

编制人（造价人员）：　　　　　　　　　　　　复核人（造价工程师）：

注　计算基础为人工费。

4. 规费、税金项目计价表（见表 2 - 34）

表 2 - 34　　　　　　　　　　　　　　　　　　　　**规费、税金项目计价表**

工程名称：某住宅楼采暖安装工程　　　　　　　　　　标段：　　　　　　　　　　　　　　　　　第 页 共 页

序号	项目名称	计算基础	计算基数	计算费率（%）	金额（元）
合计					

编制人（造价人员）：　　　　　　　　　　　　复核人（造价工程师）：

注　1. 规费的计算基础为：分部分项工程费＋措施项目费＋其他项目费。其他项目费本例不计。

　　　2. 税金的计算基础为：分部分项工程费＋措施项目费＋其他项目费＋规费。其他项目费本例不计。

5. 单位工程投标报价汇总表（见表 2-35）

表 2-35   单位工程投标报价汇总表

工程名称：某住宅楼采暖安装工程   标段：   第 1 页 共 1 页

序号	汇总内容	金额（元）	其中：暂估价（元）
一	分部分项工程费		
二	措施项目费		
1	单价措施项目费		
2	总价措施项目费		
①	夜间施工费		
②	二次搬运费		
③	冬雨季施工增加费		
④	已完工程及设备保护费		
⑤	脚手架搭拆费		
三	其他项目费		
1	暂列金额		
2	专业工程暂估价		
3	计日工		
4	总承包服务费		
四	规费		
1	安全文明施工费		
①	环境保护费		
②	文明施工费		
③	临时设施费		
④	安全施工费		
2	工程排污费		
3	社会保障费		
4	住房公积金		
5	建设项目工伤保险		
五	税金		
	投标报价合计＝一＋二＋三＋四＋五		

【习题三】某生产装置内工艺管段定额计价及清单计价案例

一、设计说明

（1）如图 3-1～图 3-3 所示为某生产装置工艺管段。图中尺寸标高以 m 计，其余均以 mm 计，工作介质压力 2.0MPa。

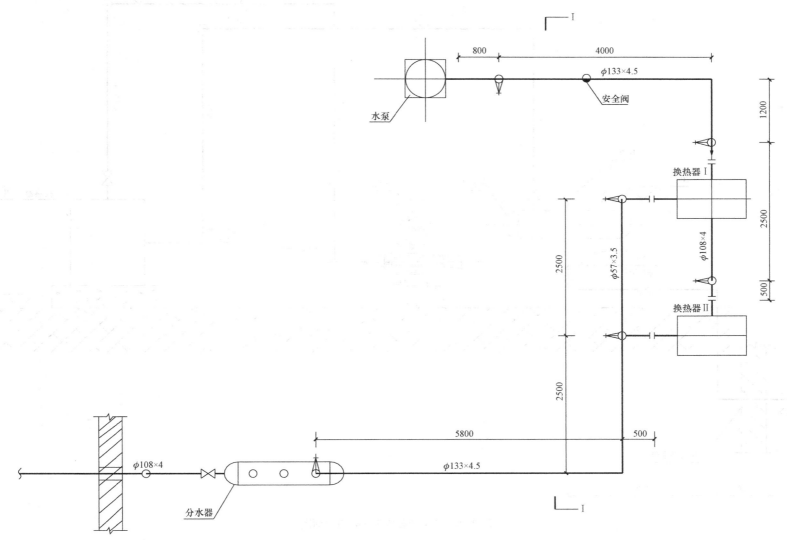

图 3-1　某生产装置工艺管道平面图

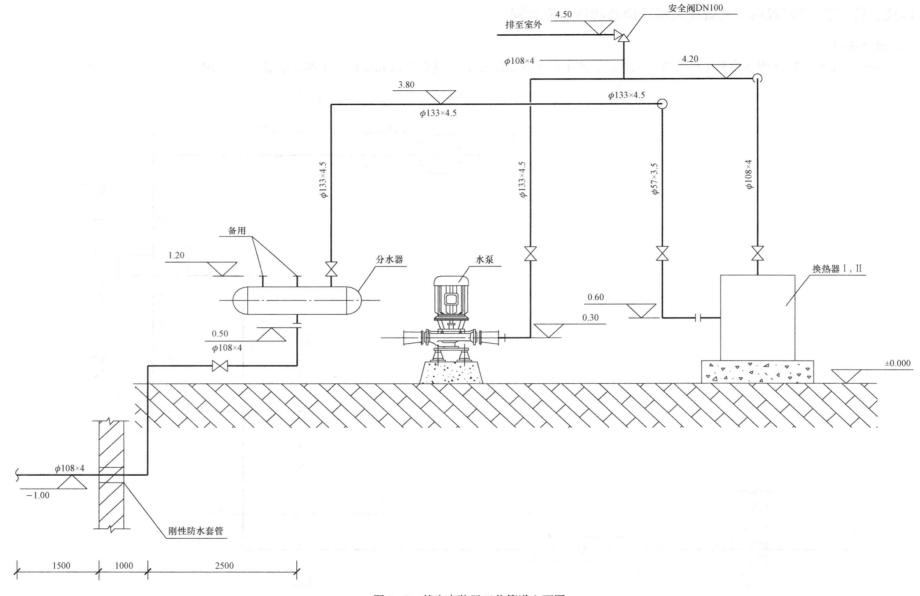

图 3-2　某生产装置工艺管道立面图

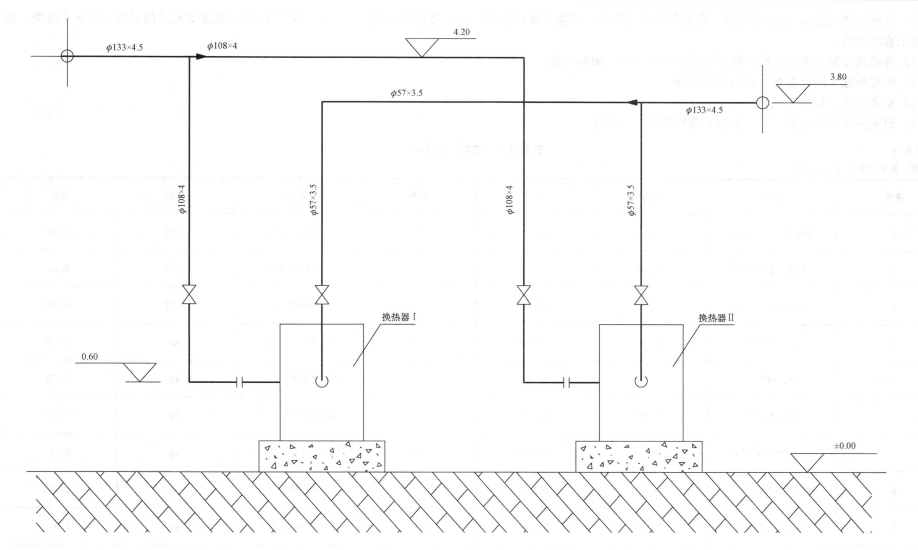

图 3 - 3 某生产装置工艺管道 Ⅰ—Ⅰ 剖面图

（2）管道材质均为 20 号无缝钢管，弯头采用压制弯头，三通为现场挖眼，异径管现场摔制，法兰采用对焊法兰。管道支架采用∠50×50×5 角钢，按规范施工验收设置。

（3）管道及支架表面人工除轻锈后均刷防锈漆一度、银粉二度。

（4）所有焊缝采用电弧焊，不做无损探伤。

（5）安装完毕，做水压试验。

（6）定额内未计价主要材料（主材）价格按表 3-1 执行。

表 3-1　　　　　　　　　　　　　　　　　　　　　　　　　主要材料（主材）价格表

项目名称：某生产装置内工艺管段

序号	名称	单位	单价	序号	名称	单位	单价
1	无缝管 φ133×4.5	元/m	60.00	11	弯头 DN125	元/个	100.00
2	无缝管 φ108×4	元/m	50.00	12	弯头 DN100	元/个	80.00
3	无缝管 φ57×3.5	元/m	20.00	13	弯头 DN50	元/个	50.00
4	法兰 DN125	元/片	40.00	14	焊接钢管（综合）	kg	20.00
5	法兰 DN100	元/片	30.00	15	热轧厚钢板 δ10-15	kg	40.00
6	法兰 DN50	元/片	15.00	16	扁钢小于等于 59	kg	30.00
7	法兰阀门 DN125	元/个	260.00	17	红丹防锈漆	kg	5.00
8	法兰阀门 DN100	元/个	250.00	18	银粉漆	kg	8.00
9	法兰阀门 DN50	元/个	100.00	19	∟50×50×5 角钢	kg	5.00
10	安全阀 DN100	元/个	400.00				

二、定额计价模式确定工程造价

1. 工程量计算（见表 3-2）

表 3-2 工程量计算书

项目名称：某生产装置工艺管道

序号	项目名称	单位	计算公式	数量
1				
2				
3				
4				
5				
6				
7				
8				
9				
10				
11				
12				
13				
14				
15				

续表

序号	项目名称	单位	计算公式	数量
16				
17				
18				
19				
20				
21				
22				
23				
24				
25				
26				
27				
28				
29				
30				

2. 计算分部分项工程费（见表 3-3）

表 3-3   **安装工程预（结）算书**

工程名称：某生产装置工艺管道   共 页 第 页

序号	定额编号	项目名称	单位	数量	增值税（一般计税）			合 计		
					单价	人工费	主材费	合价	人工费	主材费
1										
2										
3										
4										
5										
6										
7										
8										
9										
10										
11										
12										
13										
14										
15										
16										
17										
18										

续表

序号	定额编号	项目名称	单位	数量	增值税（一般计税）			合　计		
					单价	人工费	主材费	合价	人工费	主材费
19										
20										
21										
22										
23										
24										
25										
26										
27										
28										
29										
30										
31										
32										
33										
34										
35										
36										
37										
		分部分项工程费								

3. 计算安装工程费用（造价）（见表 3-4）

表 3-4

定额计价费用计算

项目名称：某生产装置工艺管道

序号	费用名称	计算方法	金额（元）

三、工程量清单（见表 3-5）

表 3-5　　　　　　　　　　　　　　　　　分部分项工程和单价措施项目清单计价表

项目名称：某生产装置工艺管道

序号	项目编码	项目名称	项目特征描述	计量单位	工程量
1					
2					
3					
4					
5					
6					
7					
8					
9					
10					
11					
12					
13					
14					
15					
16					
17					
18					
19					
20					
21					
22					
23					
24					

四、工程量清单计价

1. 工程量清单综合计价分析表（见表 3-6～表 3-27）

表 3-6　　　　　　　　　　　　　　　　　　　　　**工程量清单综合单价分析表**

工程名称：某生产装置工艺管道工程　　　　　　　　　标段：　　　　　　　　　　　　　第 1 页　共　页

项目编码			项目名称				计量单位			
清单综合单价组成明细										
定额编号	定额名称	定额单位	数量	单价					合价					
				人工费	材料费	机械费	管理费	利润	人工费	材料费	机械费	管理费	利润
人工单价			小计											
___元/工日			未计价材料费											
			清单项目综合单价											
材料费明细	主要材料名称、规格、型号				单位		数量		单价（元）	合价（元）	暂估单价（元）	暂估合价（元）		
	其他材料费													
	材料费小计													

注　管理费按人工费___%，利润按人工费___计。

表 3-7　　　　　　　　　　　　　　　　　　　　　**工程量清单综合单价分析表**

工程名称：某生产装置工艺管道工程　　　　　　　　　标段：　　　　　　　　　　　　　第 2 页　共　页

项目编码			项目名称				计量单位			
清单综合单价组成明细										
定额编号	定额名称	定额单位	数量	单价					合价					
				人工费	材料费	机械费	管理费	利润	人工费	材料费	机械费	管理费	利润
人工单价			小计											
___元/工日			未计价材料费											
			清单项目综合单价											
材料费明细	主要材料名称、规格、型号				单位		数量		单价（元）	合价（元）	暂估单价（元）	暂估合价（元）		
	其他材料费													
	材料费小计													

注　管理费按人工费___%，利润按人工费___计。

表 3 - 8 工程量清单综合单价分析表

工程名称：某生产装置工艺管道工程   标段：   第 3 页 共 页

项目编码		项目名称			计量单位	

清 单 综 合 单 价 组 成 明 细

定额编号	定额名称	定额单位	数量	单 价					合 价				
				人工费	材料费	机械费	管理费	利润	人工费	材料费	机械费	管理费	利润

人工单价	小 计
___元/工日	未计价材料费

清单项目综合单价	

材料费明细	主要材料名称、规格、型号	单位	数量	单价（元）	合价（元）	暂估单价（元）	暂估合价（元）
	其他材料费						
	材料费小计						

注 管理费按人工费___%，利润按人工费___计。

表 3 - 9 工程量清单综合单价分析表

工程名称：某生产装置工艺管道工程   标段：   第 4 页 共 页

项目编码		项目名称			计量单位	

清 单 综 合 单 价 组 成 明 细

定额编号	定额名称	定额单位	数量	单 价					合 价				
				人工费	材料费	机械费	管理费	利润	人工费	材料费	机械费	管理费	利润

人工单价	小 计
___元/工日	未计价材料费

清单项目综合单价	

材料费明细	主要材料名称、规格、型号	单位	数量	单价（元）	合价（元）	暂估单价（元）	暂估合价（元）
	其他材料费						
	材料费小计						

注 管理费按人工费___%，利润按人工费___计。

表 3-10　　　　　　　　　　　　　**工程量清单综合单价分析表**

工程名称：某生产装置工艺管道工程　　　　　　　　　标段：　　　　　　　　　　　　第 5 页 共　页

项目编码		项目名称			计量单位	

| | | | | 清 单 综 合 单 价 组 成 明 细 | | | | | | | | | |

定额编号	定额名称	定额单位	数量	单 价					合 价				
				人工费	材料费	机械费	管理费	利润	人工费	材料费	机械费	管理费	利润
人工单价					小　计								
___元/工日					未计价材料费								
清单项目综合单价													

材料费明细	主要材料名称、规格、型号			单位		数量		单价（元）	合价（元）	暂估单价（元）	暂估合价（元）	
	其他材料费											
	材料费小计											

注　管理费按人工费___%，利润按人工费___计。

表 3-11　　　　　　　　　　　　　**工程量清单综合单价分析表**

工程名称：某生产装置工艺管道工程　　　　　　　　　标段：　　　　　　　　　　　　第 6 页 共　页

项目编码		项目名称			计量单位	

| | | | | 清 单 综 合 单 价 组 成 明 细 | | | | | | | | | |

定额编号	定额名称	定额单位	数量	单 价					合 价				
				人工费	材料费	机械费	管理费	利润	人工费	材料费	机械费	管理费	利润
人工单价					小　计								
___元/工日					未计价材料费								
清单项目综合单价													

材料费明细	主要材料名称、规格、型号			单位		数量		单价（元）	合价（元）	暂估单价（元）	暂估合价（元）	
	其他材料费											
	材料费小计											

注　管理费按人工费___%，利润按人工费___计。

表 3 - 12   工程量清单综合单价分析表

工程名称：某生产装置工艺管道工程   标段：   第 7 页 共 页

项目编码		项目名称			计量单位	
清单综合单价组成明细						

定额编号	定额名称	定额单位	数量	单 价					合 价				
				人工费	材料费	机械费	管理费	利润	人工费	材料费	机械费	管理费	利润

人工单价	小 计								
___元/工日	未计价材料费								
清单项目综合单价									

材料费明细	主要材料名称、规格、型号	单位	数量	单价（元）	合价（元）	暂估单价（元）	暂估合价（元）
	其他材料费						
	材料费小计						

注 管理费按人工费___%，利润按人工费___计。

表 3 - 13   工程量清单综合单价分析表

工程名称：某生产装置工艺管道工程   标段：   第 8 页 共 页

项目编码		项目名称			计量单位	
清单综合单价组成明细						

定额编号	定额名称	定额单位	数量	单 价					合 价				
				人工费	材料费	机械费	管理费	利润	人工费	材料费	机械费	管理费	利润

人工单价	小 计								
___元/工日	未计价材料费								
清单项目综合单价									

材料费明细	主要材料名称、规格、型号	单位	数量	单价（元）	合价（元）	暂估单价（元）	暂估合价（元）
	其他材料费						
	材料费小计						

注 管理费按人工费___%，利润按人工费___计。

表 3-14

工程量清单综合单价分析表

工程名称：某生产装置工艺管道工程　　　　　　　标段：　　　　　　　　　　第 9 页 共　页

项目编码		项目名称				计量单位		

清单综合单价组成明细

定额编号	定额名称	定额单位	数量	单价					合价				
				人工费	材料费	机械费	管理费	利润	人工费	材料费	机械费	管理费	利润

人工单价	小　计						
___元/工日	未计价材料费						
	清单项目综合单价						

材料费明细	主要材料名称、规格、型号	单位	数量	单价（元）	合价（元）	暂估单价（元）	暂估合价（元）
	其他材料费						
	材料费小计						

注　管理费按人工费___%，利润按人工费___计。

表 3-15

工程量清单综合单价分析表

工程名称：某生产装置工艺管道工程　　　　　　　标段：　　　　　　　　　　第 10 页 共　页

项目编码		项目名称				计量单位		

清单综合单价组成明细

定额编号	定额名称	定额单位	数量	单价					合价				
				人工费	材料费	机械费	管理费	利润	人工费	材料费	机械费	管理费	利润

人工单价	小　计						
___元/工日	未计价材料费						
	清单项目综合单价						

材料费明细	主要材料名称、规格、型号	单位	数量	单价（元）	合价（元）	暂估单价（元）	暂估合价（元）
	其他材料费						
	材料费小计						

注　管理费按人工费___%，利润按人工费___计。

表 3 - 16　　　　　　　　　　　　　　　　　　　**工程量清单综合单价分析表**

工程名称：某生产装置工艺管道工程　　　　　　　　标段：　　　　　　　　　　　　　　第 11 页　共　页

项目编码			项目名称						计量单位		
清 单 综 合 单 价 组 成 明 细											
定额编号	定额名称	定额单位	数量	单　价					合　价			
				人工费	材料费	机械费	管理费	利润	人工费	材料费	机械费	管理费	利润
人工单价		小　计										
___元/工日		未计价材料费										
清单项目综合单价												
材料费明细	主要材料名称、规格、型号			单位		数量		单价（元）	合价（元）	暂估单价（元）	暂估合价（元）	
	其他材料费											
	材料费小计											

注　管理费按人工费___%，利润按人工费___计。

表 3 - 17　　　　　　　　　　　　　　　　　　　**工程量清单综合单价分析表**

工程名称：某生产装置工艺管道工程　　　　　　　　标段：　　　　　　　　　　　　　　第 12 页　共　页

项目编码			项目名称						计量单位		
清 单 综 合 单 价 组 成 明 细											
定额编号	定额名称	定额单位	数量	单　价					合　价			
				人工费	材料费	机械费	管理费	利润	人工费	材料费	机械费	管理费	利润
人工单价		小　计										
___元/工日		未计价材料费										
清单项目综合单价												
材料费明细	主要材料名称、规格、型号			单位		数量		单价（元）	合价（元）	暂估单价（元）	暂估合价（元）	
	其他材料费											
	材料费小计											

注　管理费按人工费___%，利润按人工费___计。

表 3 - 18　　　　　　　　　　　　　　　　　　　工程量清单综合单价分析表

工程名称：某生产装置工艺管道工程　　　　　　　　　标段：　　　　　　　　　　　　　　　　　　　第 13 页　共　页

项目编码			项目名称					计量单位			
清 单 综 合 单 价 组 成 明 细											
定额编号	定额名称	定额单位	数量	单　价					合　价			
				人工费	材料费	机械费	管理费	利润	人工费	材料费	机械费	管理费	利润
人工单价			小　计									
___元/工日			未计价材料费									
			清单项目综合单价									
材料费明细		主要材料名称、规格、型号			单位		数量		单价（元）	合价（元）	暂估单价（元）	暂估合价（元）
		其他材料费									
		材料费小计									

注　管理费按人工费____％，利润按人工费____计。

表 3 - 19　　　　　　　　　　　　　　　　　　　工程量清单综合单价分析表

工程名称：某生产装置工艺管道工程　　　　　　　　　标段：　　　　　　　　　　　　　　　　　　　第 14 页　共　页

项目编码			项目名称					计量单位			
清 单 综 合 单 价 组 成 明 细											
定额编号	定额名称	定额单位	数量	单　价					合　价			
				人工费	材料费	机械费	管理费	利润	人工费	材料费	机械费	管理费	利润
人工单价			小　计									
___元/工日			未计价材料费									
			清单项目综合单价									
材料费明细		主要材料名称、规格、型号			单位		数量		单价（元）	合价（元）	暂估单价（元）	暂估合价（元）
		其他材料费									
		材料费小计									

注　管理费按人工费____％，利润按人工费____计。

表 3 - 20　　　　　　　　　　　　　　**工程量清单综合单价分析表**

工程名称：某生产装置工艺管道工程　　　　　　　　　　标段：　　　　　　　　　　　　　　　　第 15 页 共　页

项目编码		项目名称				计量单位	

清单综合单价组成明细													
定额编号	定额名称	定额单位	数量	单 价					合 价				
				人工费	材料费	机械费	管理费	利润	人工费	材料费	机械费	管理费	利润
人工单价		小　计											
＿＿＿元/工日		未计价材料费											
清单项目综合单价													
材料费明细	主要材料名称、规格、型号			单位		数量		单价（元）	合价（元）	暂估单价（元）		暂估合价（元）	
	其他材料费												
	材料费小计												

注　管理费按人工费＿＿＿%，利润按人工费＿＿＿计。

表 3 - 21　　　　　　　　　　　　　　**工程量清单综合单价分析表**

工程名称：某生产装置工艺管道工程　　　　　　　　　　标段：　　　　　　　　　　　　　　　　第 16 页 共　页

项目编码		项目名称				计量单位	

清单综合单价组成明细													
定额编号	定额名称	定额单位	数量	单 价					合 价				
				人工费	材料费	机械费	管理费	利润	人工费	材料费	机械费	管理费	利润
人工单价		小　计											
＿＿＿元/工日		未计价材料费											
清单项目综合单价													
材料费明细	主要材料名称、规格、型号			单位		数量		单价（元）	合价（元）	暂估单价（元）		暂估合价（元）	
	其他材料费												
	材料费小计												

注　管理费按人工费＿＿＿%，利润按人工费＿＿＿计。

表 3-22

工程量清单综合单价分析表

工程名称：某生产装置工艺管道工程　　　　　　　　　　　　标段：　　　　　　　　　　　　

项目编码				项目名称					计量单位				
清单综合单价组成明细													
定额编号	定额名称	定额单位	数量	单　价					合　价				
				人工费	材料费	机械费	管理费	利润	人工费	材料费	机械费	管理费	利润
人工单价			小　计										
___元/工日			未计价材料费										
清单项目综合单价													
材料费明细	主要材料名称、规格、型号					单位		数量		单价（元）	合价（元）	暂估单价（元）	暂估合价（元）
	其他材料费												
	材料费小计												

注　管理费按人工费___%，利润按人工费___计。

表 3-23

工程量清单综合单价分析表

工程名称：某生产装置工艺管道工程　　　　　　　　　　　　标段：　　　　　　　　　　　　

项目编码				项目名称					计量单位				
清单综合单价组成明细													
定额编号	定额名称	定额单位	数量	单　价					合　价				
				人工费	材料费	机械费	管理费	利润	人工费	材料费	机械费	管理费	利润
人工单价			小　计										
___元/工日			未计价材料费										
清单项目综合单价													
材料费明细	主要材料名称、规格、型号					单位		数量		单价（元）	合价（元）	暂估单价（元）	暂估合价（元）
	其他材料费												
	材料费小计												

注　管理费按人工费___%，利润按人工费___计。

表 3-24

工程量清单综合单价分析表

工程名称：某生产装置工艺管道工程　　　　　　　　　　标段：　　　　　　　　　　第 19 页　共　页

项目编码		项目名称							计量单位			
清单综合单价组成明细												
定额编号	定额名称	定额单位	数量	单　价					合　价				
				人工费	材料费	机械费	管理费	利润	人工费	材料费	机械费	管理费	利润
人工单价			小　计										
___元/工日			未计价材料费										
清单项目综合单价													
材料费明细	主要材料名称、规格、型号			单位		数量		单价（元）	合价（元）	暂估单价（元）	暂估合价（元）		
	其他材料费												
	材料费小计												

注　管理费按人工费___%，利润按人工费___计。

表 3-25

工程量清单综合单价分析表

工程名称：某生产装置工艺管道工程　　　　　　　　　　标段：　　　　　　　　　　第 20 页　共　页

项目编码		项目名称							计量单位			
清单综合单价组成明细												
定额编号	定额名称	定额单位	数量	单　价					合　价				
				人工费	材料费	机械费	管理费	利润	人工费	材料费	机械费	管理费	利润
人工单价			小　计										
___元/工日			未计价材料费										
清单项目综合单价													
材料费明细	主要材料名称、规格、型号			单位		数量		单价（元）	合价（元）	暂估单价（元）	暂估合价（元）		
	其他材料费												
	材料费小计												

表 3 - 26　　　　　　　　　　　　　　　　　**工程量清单综合单价分析表**

工程名称：某生产装置工艺管道工程　　　　　　　　　标段：　　　　　　　　　　　　　　第 21 页　共　页

项目编码		项目名称							计量单位			
清 单 综 合 单 价 组 成 明 细												
定额编号	定额名称	定额单位	数量	单 价					合 价				
				人工费	材料费	机械费	管理费	利润	人工费	材料费	机械费	管理费	利润
人工单价				小　计									
___元/工日				未计价材料费									
清单项目综合单价													
材料费明细	主要材料名称、规格、型号			单位		数量		单价（元）	合价（元）	暂估单价（元）		暂估合价（元）	
	其他材料费												
	材料费小计												

表 3 - 27　　　　　　　　　　　　　　　　　**工程量清单综合单价分析表**

工程名称：某生产装置工艺管道工程　　　　　　　　　标段：　　　　　　　　　　　　　　第 22 页　共　页

项目编码		项目名称							计量单位			
清 单 综 合 单 价 组 成 明 细												
定额编号	定额名称	定额单位	数量	单 价					合 价				
				人工费	材料费	机械费	管理费	利润	人工费	材料费	机械费	管理费	利润
人工单价				小　计									
___元/工日				未计价材料费									
清单项目综合单价													
材料费明细	主要材料名称、规格、型号			单位		数量		单价（元）	合价（元）	暂估单价（元）		暂估合价（元）	
	其他材料费												
	材料费小计												

2. 分部分项工程与单价措施费计价表（见表 3 - 28）

表 3 - 28 　　　　　　　　　　　　　　**分部分项工程和单价措施项目清单计价表**

项目名称：某生产装置工艺管道

序号	项目编码	项目名称	项目特征描述	计量单位	工程量	金额（元）			
						综合单价	合价	其中：人工费	其中：暂估价
1									
2									
3									
4									
5									
6									
7									
8									
9									
10									
11									
12									
13									
14									
15									
16									
17									
18									
19									
20									
21									
22									
合计									

3. 总价措施项目清单表（见表3-29）

表3-29 总价措施项目清单表

工程名称：某生产装置工艺管道　　　　　标段：　　　　　第1页 共1页

序号	项目编码	项目名称	计算基础	费率（%）	金额（元）	调整费率（%）	调整后金额（元）	备注
合计								

编制人（造价人员）：　　　　　复核人（造价工程师）：

注 计算基础为人工费。

4. 规费、税金项目计价表（见表3-30）

表3-30 规费、税金项目计价表

工程名称：某生产装置工艺管道　　　　　标段：　　　　　第1页 共1页

序号	项目名称	计算基础	计算基数	计算费率（%）	金额（元）
1	规费				
1.1	安全文明施工费				
1.1.1	环境保护费				
1.1.2	文明施工费				
1.1.3	临时设施费				
1.1.4	安全施工费				
1.2	工程排污费				
1.3	社会保险费				
1.4	住房公积金				
1.5	建设项目工伤保险				
2	税金				
合计					

编制人（造价人员）：　　　　　复核人（造价工程师）：

注 1. 规费的计算基础为：分部分项工程费＋措施项目费＋其他项目费。其他项目费本例不计。

2. 税金的计算基础为：分部分项工程费＋措施项目费＋其他项目费＋规费。其他项目费本例不计。

5. 单位工程投标报价汇总表（见表 3-31）

表 3-31　　　　　　　　　　　　　　**单位工程投标报价汇总表**

工程名称：某生产装置工艺管道　　　　　　　　　　标段：　　　　　　　　　　　　　　　　第 1 页　共 1 页

序号	汇总内容	金额（元）	其中：暂估价（元）
一	分部分项工程费		
二	措施项目费		
1	单价措施项目费		
2	总价措施项目费		
①	夜间施工费		
②	二次搬运费		
③	冬雨季施工增加费		
④	已完工程及设备保护费		
⑤	脚手架搭拆费		
三	其他项目费		
1	暂列金额		
2	专业工程暂估价		
3	计日工		
4	总承包服务费		
四	规费		
1	安全文明施工费		
①	环境保护费		
②	文明施工费		
③	临时设施费		
④	安全施工费		
2	工程排污费		
3	社会保障费		
4	住房公积金		
5	建设项目工伤保险		
五	税金		
	投标报价合计＝一＋二＋三＋四＋五		

【习题四】某办公楼电气照明工程定额计价及清单计价案例

一、设计说明

（1）如图 4-1、图 4-2 所示某办公楼一层电气照明工程。房间层高均为 3m。

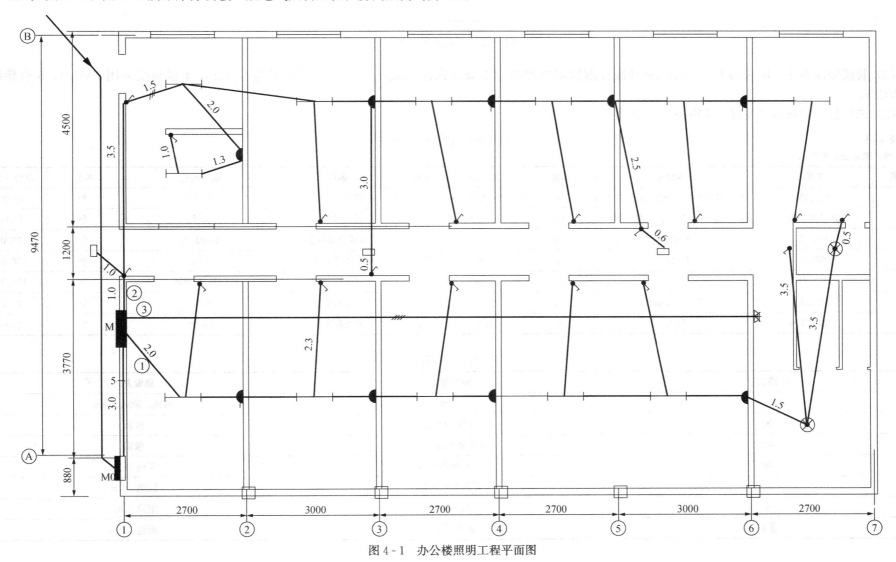

图 4-1 办公楼照明工程平面图

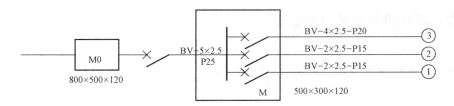

图 4 - 2　照明工程系统图

（2）管线除注明外一律采用 BV - 2.5mm² 导线穿刚性阻燃塑料管沿墙及顶棚暗敷设，2～3 根导线采用 PVC15，4 根导线采用 PVC20，5 根导线采用 PVC25。

（3）未计价主要材料（主材）价格按 4 - 1 表执行。

表 4 - 1　　　　　　　　　　　　　　　　　　　　　**主要材料（主材）价格**

项目名称：某办公楼照明工程

序号	名称	规格型号	单位	单价（元）	序号	名称	规格型号	单位	单价（元）
1	配电箱	800×500×120（长×高×厚）	台	1000.00	8	单联暗开关	86 型	个	10.00
2	分层配电箱	500×300×120（长×高×厚）	台	500.00	9	五孔暗插座	86 型	个	12.00
3	PVC 管	DN15	m	3.00	10	半圆球防水吸顶灯	60W∮300	个	100.00
4	PVC 管	DN20	m	5.00	11	单管吊链日光灯	40W	个	120.00
5	PVC 管	DN25	m	8.00	12	方形吸顶灯	60W 矩形罩	个	150.00
6	绝缘线	BV - 2.5mm²	m	4.00	13	接线盒	86 型	个	2.00
7	三相暗插座	15A	个	80.00	14	开关插座盒	86 型	个	2.00

图　　例

图例	规格型号	敷设方式
⊢——⊣	40W	吊链、距地 2.8m
⊗	60W 防水灯	吸顶
▭	方形吸顶灯 60W	吸顶
⋈	三相插座 15A	距地 1.3m
✔	单联跷板开关	距地 1.4m
◖	单相五孔插座	距地 1.3m
▮▮▯	照明配电箱	距地 1.4m

二、定额计价模式确定工程造价

1. 工程量计算（见表 4 - 2）

表 4 - 2　　　　　　　　　　　　　　　　　　　　　　**工程量计算书**

项目名称：某办公楼电气照明工程　　　　　　　　　　　　　　　　　　　　　　　　　　　　　第 1 页　共 1 页

序号	项目名称	单位	计算公式	数量
1				
2				
3				
4				
5				
6				
7				
8				
9				
10				
11				
12				
13				
14				
15				
16				
17				
18				
19				
20				

2. 计算分部分项工程费（见表 4-3）

表 4-3　　　　　　　　　　　　　　　　　　　　安装工程预（结）算书

项目名称：某办公楼电气照明工程　　　　　　　　　　　　　　　　　　　　　　　　　　　　　　　　第　页　共　页

序号	定额编号	项目名称	单位	数量	增值税（一般计税）			合计		
					单价	人工费	主材费	合价	人工费	主材费
1										
2										
3										
4										
5										
6										
7										
8										
9										
10										
11										
12										
13										
14										
15										
16										
17										
18										
19										
20										
21										
22										

3. 计算安装工程费用（造价）（见表 4 - 4）

表 4 - 4

定额计价的计算程序

项目名称：某办公楼电气照明工程

序号	费用名称	计算方法	金额（元）
一	分部分项工程费		
	计费基础 JD1		
二	措施项目费		
	2.1 单价措施费		
	脚手架搭拆费		
	其中：人工费		
	2.2 总价措施费		
	1. 夜间施工费		
	2. 二次搬运费		
	3. 冬雨季施工增加费		
	4. 已完工程及设备保护费		
	计费基础 JD2		
三	其他项目费		
	3.1 暂列金额		
	3.2 专业工程暂估价		
	3.3 特殊项目暂估价		
	3.4 计日工		
	3.5 采购保管费		
	3.6 其他检验试验费		
	3.7 总承包服务费		
	3.8 其他		
四	企业管理费		
五	利润		
六	规费		
	6.1 安全文明施工费		
	6.2 社会保险费		
	6.3 住房公积金		
	6.4 工程排污费		
	6.5 建设项目工伤保险		
七	设备费		
八	税金		
九	工程费用合计		

三、工程量清单（见表 4 - 5）

表 4 - 5 分部分项工程与单价措施费清单表

工程名称：某办公楼电气照明工程

序号	项目编码	项目名称	项目特征描述	计量单位	工程量
1					
2					
3					
4					
5					
6					
7					
8					
9					
10					
11					
12					
13					
14					
15					
16					
17					
18					

四、工程量清单计价

1. 工程量清单综合计价分析表（见表 4-6～表 4-22）

表 4-6 　　　　　　　　　　　**工程量清单综合单价分析表**

工程名称：某办公楼电气照明工程　　　　　　标段：　　　　　　　　　　第 1 页　共　页

项目编码		项目名称			计量单位	

清 单 综 合 单 价 组 成 明 细

定额编号	定额名称	定额单位	数量	单　价					合　价				
				人工费	材料费	机械费	管理费	利润	人工费	材料费	机械费	管理费	利润

人工单价	小　计	
＿＿元/工日	未计价材料费	
清单项目综合单价		

材料费明细	主要材料名称、规格、型号	单位	数量	单价（元）	合价（元）	暂估单价（元）	暂估合价（元）
	其他材料费						
	材料费小计						

注　管理费按人工费＿＿＿％，利润按人工费＿＿＿计。

表 4-7 　　　　　　　　　　　**工程量清单综合单价分析表**

工程名称：某办公楼电气照明工程　　　　　　标段：　　　　　　　　　　第 2 页　共　页

项目编码		项目名称			计量单位	

清 单 综 合 单 价 组 成 明 细

定额编号	定额名称	定额单位	数量	单　价					合　价				
				人工费	材料费	机械费	管理费	利润	人工费	材料费	机械费	管理费	利润

人工单价	小　计	
＿＿元/工日	未计价材料费	
清单项目综合单价		

材料费明细	主要材料名称、规格、型号	单位	数量	单价（元）	合价（元）	暂估单价（元）	暂估合价（元）
	其他材料费						
	材料费小计						

注　管理费按人工费＿＿＿％，利润按人工费＿＿＿计。

表 4 - 8

工程量清单综合单价分析表

工程名称：某办公楼电气照明工程　　　　　　　　　　标段：　　　　　　　　　　第 3 页　共　页

项目编码		项目名称								计量单位		
清 单 综 合 单 价 组 成 明 细												
定额编号	定额名称	定额单位	数量	单　价					合　价				
				人工费	材料费	机械费	管理费	利润	人工费	材料费	机械费	管理费	利润
人工单价		小　计											
＿＿＿元/工日		未计价材料费											
清单项目综合单价													
材料费明细	主要材料名称、规格、型号			单位		数量		单价（元）	合价（元）	暂估单价（元）		暂估合价（元）	
	其他材料费												
	材料费小计												

注　管理费按人工费＿＿＿％，利润按人工费＿＿＿计。

表 4 - 9

工程量清单综合单价分析表

工程名称：某办公楼电气照明工程　　　　　　　　　　标段：　　　　　　　　　　第 4 页　共　页

项目编码		项目名称								计量单位		
清 单 综 合 单 价 组 成 明 细												
定额编号	定额名称	定额单位	数量	单　价					合　价				
				人工费	材料费	机械费	管理费	利润	人工费	材料费	机械费	管理费	利润
人工单价		小　计											
＿＿＿元/工日		未计价材料费											
清单项目综合单价													
材料费明细	主要材料名称、规格、型号			单位		数量		单价（元）	合价（元）	暂估单价（元）		暂估合价（元）	
	其他材料费												
	材料费小计												

注　管理费按人工费＿＿＿％，利润按人工费＿＿＿计。

表 4 - 10 **工程量清单综合单价分析表**

工程名称：某办公楼电气照明工程 　　　　　　　标段： 　　　　　　　第 5 页 共 页

项目编码		项目名称			计量单位	

清单综合单价组成明细

定额编号	定额名称	定额单位	数量	单价					合价				
				人工费	材料费	机械费	管理费	利润	人工费	材料费	机械费	管理费	利润

人工单价	小　计
___元/工日	未计价材料费
	清单项目综合单价

材料费明细	主要材料名称、规格、型号	单位	数量	单价（元）	合价（元）	暂估单价（元）	暂估合价（元）
	其他材料费						
	材料费小计						

注 管理费按人工费___％，利润按人工费___计。

表 4 - 11 **工程量清单综合单价分析表**

工程名称：某办公楼电气照明工程 　　　　　　　标段： 　　　　　　　第 6 页 共 页

项目编码		项目名称			计量单位	

清单综合单价组成明细

定额编号	定额名称	定额单位	数量	单价					合价				
				人工费	材料费	机械费	管理费	利润	人工费	材料费	机械费	管理费	利润

人工单价	小　计
___元/工日	未计价材料费
	清单项目综合单价

材料费明细	主要材料名称、规格、型号	单位	数量	单价（元）	合价（元）	暂估单价（元）	暂估合价（元）
	其他材料费						
	材料费小计						

注 管理费按人工费___％，利润按人工费___计。

表 4-12   **工程量清单综合单价分析表**

工程名称：某办公楼电气照明工程   标段：   第7页　共　页

项目编码		项目名称			计量单位	

<table>
<tr><td colspan="11" align="center">清 单 综 合 单 价 组 成 明 细</td></tr>
<tr><td rowspan="2">定额编号</td><td rowspan="2">定额名称</td><td rowspan="2">定额单位</td><td rowspan="2">数量</td><td colspan="5" align="center">单　价</td><td colspan="5" align="center">合　价</td></tr>
<tr><td>人工费</td><td>材料费</td><td>机械费</td><td>管理费</td><td>利润</td><td>人工费</td><td>材料费</td><td>机械费</td><td>管理费</td><td>利润</td></tr>
<tr><td></td><td></td><td></td><td></td><td></td><td></td><td></td><td></td><td></td><td></td><td></td><td></td><td></td><td></td></tr>
<tr><td colspan="4" align="center">人工单价</td><td colspan="6" align="center">小　计</td></tr>
<tr><td colspan="4" align="center">___元/工日</td><td colspan="6" align="center">未计价材料费</td></tr>
<tr><td colspan="4" align="center">清单项目综合单价</td><td colspan="6"></td></tr>
<tr><td rowspan="3">材料费明细</td><td colspan="3" align="center">主要材料名称、规格、型号</td><td align="center">单位</td><td align="center">数量</td><td align="center">单价（元）</td><td align="center">合价（元）</td><td align="center">暂估单价（元）</td><td colspan="2" align="center">暂估合价（元）</td></tr>
<tr><td colspan="3" align="center">其他材料费</td><td></td><td></td><td></td><td></td><td></td><td colspan="2"></td></tr>
<tr><td colspan="3" align="center">材料费小计</td><td></td><td></td><td></td><td></td><td></td><td colspan="2"></td></tr>
</table>

　注　管理费按人工费___％，利润按人工费___计。

表 4-13   **工程量清单综合单价分析表**

工程名称：某办公楼电气照明工程   标段：   第8页　共　页

项目编码		项目名称			计量单位	

<table>
<tr><td colspan="11" align="center">清 单 综 合 单 价 组 成 明 细</td></tr>
<tr><td rowspan="2">定额编号</td><td rowspan="2">定额名称</td><td rowspan="2">定额单位</td><td rowspan="2">数量</td><td colspan="5" align="center">单　价</td><td colspan="5" align="center">合　价</td></tr>
<tr><td>人工费</td><td>材料费</td><td>机械费</td><td>管理费</td><td>利润</td><td>人工费</td><td>材料费</td><td>机械费</td><td>管理费</td><td>利润</td></tr>
<tr><td></td><td></td><td></td><td></td><td></td><td></td><td></td><td></td><td></td><td></td><td></td><td></td><td></td><td></td></tr>
<tr><td colspan="4" align="center">人工单价</td><td colspan="6" align="center">小　计</td></tr>
<tr><td colspan="4" align="center">___元/工日</td><td colspan="6" align="center">未计价材料费</td></tr>
<tr><td colspan="4" align="center">清单项目综合单价</td><td colspan="6"></td></tr>
<tr><td rowspan="3">材料费明细</td><td colspan="3" align="center">主要材料名称、规格、型号</td><td align="center">单位</td><td align="center">数量</td><td align="center">单价（元）</td><td align="center">合价（元）</td><td align="center">暂估单价（元）</td><td colspan="2" align="center">暂估合价（元）</td></tr>
<tr><td colspan="3" align="center">其他材料费</td><td></td><td></td><td></td><td></td><td></td><td colspan="2"></td></tr>
<tr><td colspan="3" align="center">材料费小计</td><td></td><td></td><td></td><td></td><td></td><td colspan="2"></td></tr>
</table>

　注　管理费按人工费___％，利润按人工费___计。

表 4 - 14

工程量清单综合单价分析表

工程名称：某办公楼电气照明工程　　　　　　　　　标段：　　　　　　　　　　　　　　第 9 页 共 页

项目编码		项目名称				计量单位	

清 单 综 合 单 价 组 成 明 细

定额编号	定额名称	定额单位	数量	单　　价					合　　价				
				人工费	材料费	机械费	管理费	利润	人工费	材料费	机械费	管理费	利润

人工单价	小　　计	
___元/工日	未计价材料费	

清单项目综合单价

材料费明细	主要材料名称、规格、型号	单位	数量	单价（元）	合价（元）	暂估单价（元）	暂估合价（元）
	其他材料费						
	材料费小计						

注　管理费按人工费___%，利润按人工费___计。

表 4 - 15

工程量清单综合单价分析表

工程名称：某办公楼电气照明工程　　　　　　　　　标段：　　　　　　　　　　　　　　第 10 页 共 页

项目编码		项目名称				计量单位	

清 单 综 合 单 价 组 成 明 细

定额编号	定额名称	定额单位	数量	单　　价					合　　价				
				人工费	材料费	机械费	管理费	利润	人工费	材料费	机械费	管理费	利润

人工单价	小　　计	
___元/工日	未计价材料费	

清单项目综合单价

材料费明细	主要材料名称、规格、型号	单位	数量	单价（元）	合价（元）	暂估单价（元）	暂估合价（元）
	其他材料费						
	材料费小计						

注　管理费按人工费___%，利润按人工费___计。

表 4-16　　　　　　　　　　　　　　　　　　　　**工程量清单综合单价分析表**

工程名称：某办公楼电气照明工程　　　　　　　　　　　标段：　　　　　　　　　　　　　第 11 页　共　页

项目编码			项目名称			计量单位		

清单综合单价组成明细

定额编号	定额名称	定额单位	数量	单价					合价				
				人工费	材料费	机械费	管理费	利润	人工费	材料费	机械费	管理费	利润

人工单价	小　计											
＿＿元/工日	未计价材料费											
清单项目综合单价												

材料费明细	主要材料名称、规格、型号	单位	数量	单价（元）	合价（元）	暂估单价（元）	暂估合价（元）
	其他材料费						
	材料费小计						

注　管理费按人工费＿＿％，利润按人工费＿＿计。

表 4-17　　　　　　　　　　　　　　　　　　　　**工程量清单综合单价分析表**

工程名称：某办公楼电气照明工程　　　　　　　　　　　标段：　　　　　　　　　　　　　第 12 页　共　页

项目编码			项目名称			计量单位		

清单综合单价组成明细

定额编号	定额名称	定额单位	数量	单价					合价				
				人工费	材料费	机械费	管理费	利润	人工费	材料费	机械费	管理费	利润

人工单价	小　计											
＿＿元/工日	未计价材料费											
清单项目综合单价												

材料费明细	主要材料名称、规格、型号	单位	数量	单价（元）	合价（元）	暂估单价（元）	暂估合价（元）
	其他材料费						
	材料费小计						

注　管理费按人工费＿＿％，利润按人工费＿＿计。

表 4-18 　　　　　　　　　　　　　　　**工程量清单综合单价分析表**

工程名称：某办公楼电气照明工程　　　　　　　　　标段：　　　　　　　　　　　　　　　　第 13 页　共　页

项目编码		项目名称			计量单位	

清单综合单价组成明细

定额编号	定额名称	定额单位	数量	单　价					合　价				
				人工费	材料费	机械费	管理费	利润	人工费	材料费	机械费	管理费	利润

人工单价	小　计								
___元/工日	未计价材料费								

清单项目综合单价

材料费明细	主要材料名称、规格、型号		单位	数量	单价（元）	合价（元）	暂估单价（元）	暂估合价（元）
	其他材料费							
	材料费小计							

注　管理费按人工费___％，利润按人工费___计。

表 4-19 　　　　　　　　　　　　　　　**工程量清单综合单价分析表**

工程名称：某办公楼电气照明工程　　　　　　　　　标段：　　　　　　　　　　　　　　　　第 14 页　共　页

项目编码		项目名称			计量单位	

清单综合单价组成明细

定额编号	定额名称	定额单位	数量	单　价					合　价				
				人工费	材料费	机械费	管理费	利润	人工费	材料费	机械费	管理费	利润

人工单价	小　计								
___元/工日	未计价材料费								

清单项目综合单价

材料费明细	主要材料名称、规格、型号		单位	数量	单价（元）	合价（元）	暂估单价（元）	暂估合价（元）
	其他材料费							
	材料费小计							

注　管理费按人工费___％，利润按人工费___计。

表 4 - 20   **工程量清单综合单价分析表**

工程名称：某办公楼电气照明工程   标段：   第 15 页 共   页

项目编码		项目名称				计量单位	

清 单 综 合 单 价 组 成 明 细

定额编号	定额名称	定额单位	数量	单 价					合 价				
				人工费	材料费	机械费	管理费	利润	人工费	材料费	机械费	管理费	利润

人工单价	小 计	
___元/工日	未计价材料费	
清单项目综合单价		

材料费明细	主要材料名称、规格、型号	单位	数量	单价（元）	合价（元）	暂估单价（元）	暂估合价（元）
	其他材料费						
	材料费小计						

注   管理费按人工费____％，利润按人工费____计。

表 4 - 21   **工程量清单综合单价分析表**

工程名称：某办公楼电气照明工程   标段：   第 16 页 共   页

项目编码		项目名称				计量单位	

清 单 综 合 单 价 组 成 明 细

定额编号	定额名称	定额单位	数量	单 价					合 价				
				人工费	材料费	机械费	管理费	利润	人工费	材料费	机械费	管理费	利润

人工单价	小 计	
___元/工日	未计价材料费	
清单项目综合单价		

材料费明细	主要材料名称、规格、型号	单位	数量	单价（元）	合价（元）	暂估单价（元）	暂估合价（元）
	其他材料费						
	材料费小计						

注   管理费按人工费____％，利润按人工费____计。

表 4-22

工程量清单综合单价分析表

工程名称：某办公楼电气照明工程　　　　　　　　标段：　　　　　　　　　　　　　　　　　第 17 页 共 页

项目编码				项目名称					计量单位			
清 单 综 合 单 价 组 成 明 细												
定额编号	定额名称	定额单位	数量	单　价					合　价				
				人工费	材料费	机械费	管理费	利润	人工费	材料费	机械费	管理费	利润
人工单价			小　计										
___元/工日			未计价材料费										
清单项目综合单价													
材料费明细	主要材料名称、规格、型号			单位		数量		单价（元）	合价（元）	暂估单价（元）		暂估合价（元）	
	其他材料费												
	材料费小计												

注　管理费按人工费___％，利润按人工费___计。

2. 分部分项工程与单价措施项目清单计价表（见表 4-23）

表 4-23

分部分项工程与单价措施项目清单计价表

工程名称：某办公楼电气照明工程　　　　　　　　　　　　　　　　　　　　　　　　　　　第 页 共 页

序号	项目编码	项目名称	项目特征描述	计量单位	工程量	金　额（元）			
						综合单价	合价	其中：人工费	其中：暂估价
1									
2									
3									
4									

续表

序号	项目编码	项目名称	项目特征描述	计量单位	工程量	金　额（元）			
						综合单价	合价	其中：人工费	其中：暂估价
5									
6									
7									
8									
9									
10									
11									
12									
13									
14									
15									
16									
17									
18									
			合计						

3. 总价措施项目清单计价表（见表4-24）

表4-24　　　　　　　　　　　　　　　**总价措施项目清单计价表**

工程名称：某办公楼电气照明工程　　　　　　　　　　标段：　　　　　　　　　　　　　　　　第　页　共　页

序号	项目编码	项目名称	计算基础	费率（%）	金额（元）	调整费率（%）	调整后金额（元）	备注
合计								

编制人（造价人员）：　　　　　　　　　　　复核人（造价工程师）：

注　计算基础为人工费。

4. 规费、税金项目计价表（见表4-25）

表4-25　　　　　　　　　　　　　　　**规费、税金项目计价表**

工程名称：某办公楼电气照明工程　　　　　　　　　　标段：　　　　　　　　　　　　　　　　第　页　共　页

序号	项目名称	计算基础	计算基数	计算费率（%）	金额（元）
1	规费				
1.1	安全文明施工费				
1.1.1	环境保护费				
1.1.2	文明施工费				
1.1.3	临时设施费				
1.1.4	安全施工费				
1.2	工程排污费				
1.3	社会保险费				
1.4	住房公积金				
1.5	建设项目工伤保险				
2	税金				
合计					

编制人（造价人员）：　　　　　　　　　　　复核人（造价工程师）：

注　1. 规费的计算基础为：分部分项工程费＋措施项目费＋其他项目费。其他项目费本例不计。

　　2. 税金的计算基础为：分部分项工程费＋措施项目费＋其他项目费＋规费。其他项目费本例不计。

5. 单位工程投标报价汇总表（见表 4 - 26）

表 4 - 26   **单位工程投标报价汇总表**

工程名称：某办公楼电气照明工程   标段：   第 1 页 共 1 页

序号	汇总内容	金额（元）	其中：暂估价（元）
一	分部分项工程费		
二	措施项目费		
1	单价措施项目费		
2	总价措施项目费		
①	夜间施工费		
②	二次搬运费		
③	冬雨季施工增加费		
④	已完工程及设备保护费		
⑤	脚手架搭拆费		
三	其他项目费		
1	暂列金额		
2	专业工程暂估价		
3	计日工		
4	总承包服务费		
四	规费		
1	安全文明施工费		
①	环境保护费		
②	文明施工费		
③	临时设施费		
④	安全施工费		
2	工程排污费		
3	社会保障费		
4	住房公积金		
5	建设项目工伤保险		
五	税金		
	投标报价合计＝一＋二＋三＋四＋五		

【习题五】某商场消防报警工程定额计价及清单计价案例

一、设计说明

（1）如图5-1、图5-2所示某商场消防报警工程。房间层高均为3m，混凝土现浇板厚100mm。

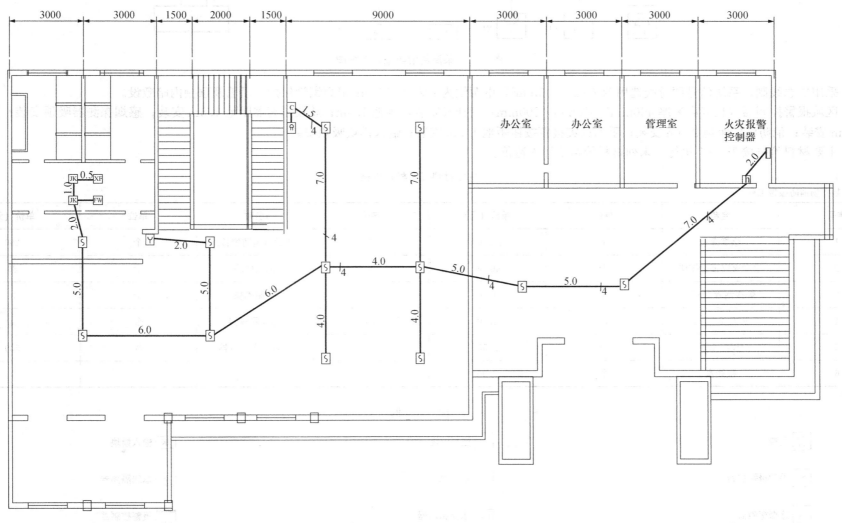

图5-1 某商场消防报警平面图

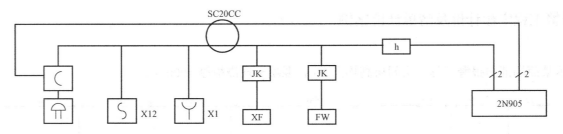

图 5-2 某商场消防报警系统图

（2）采用二总线制，系统信号两总线选用 RV-2×1.5mm²，电源线为 BV-2×2.5mm²穿钢管保护，沿墙及顶棚内暗敷设。

（3）区域报警控制器（长×高×厚 400mm×300mm×200mm）壁挂式安装，距地 1.5m；总线隔离器距地 1.5m 安装；感烟探测器吸顶安装；控制模块距顶 0.2m 安装；消防电铃距地 2.5m 安装；手动火灾报警按钮距地 1.3m 安装；输入模块吸顶安装。

（4）主要材料价格按表 5-1 执行，未列材料价格不计入造价。

表 5-1   主要材料（主材）价格

工程名称：某商场消防报警工程

序号	名称	单位	单价（元）	序号	名称	单位	单价（元）
1	感烟探头	个	100.00	7	电铃（消防警铃）	个	200
2	手动火灾报警按钮	个	40.00	8	输入模块	个	30
3	焊接钢管 DN20	m	4.00	9	控制模块	个	40
4	RV-2×1.5	m	2.00	10	总线隔离器	个	50
5	BV-2.5	m	2.50	11	区域报警控制器	台	500
6	接线盒	个	2.00				

图 例

⊕ 电铃   C 控制模块   JK 输入模块

Y 手动报警按钮   XF 信号阀   h 总线隔离器

S 感烟探测器   FW 水流指示器   ▬ 报警控制器

二、定额计价模式确定工程造价

1. 工程量计算（见表 5-2）

表 5-2

工 程 量 计 算 书

项目名称：某商场消防报警工程

序号	项目名称	单位	计算公式	数量
1				
2				
3				
4				
5				
6				
7				
8				
9				
10				
11				
12				
13				
14				
15				

2. 计算分部分项工程费（见表 5-3）

表 5-3

安装工程预（结）算书

工程名称：某商场消防报警工程

共 页 第 页　　年 月 日

序号	定额编号	项目名称	单位	数量	增值税（一般计税）			合价		
					单价	人工费	主材费	合价	人工费	主材费
1										
2										
3										
4										
5										
6										
7										
8										
9										
10										
11										
12										
13										

3. 计算安装工程费用（造价）（见表 5-4）

表 5-4　　　　　　　　　　　　　　　　　　　　　　　**定额计价的计算程序**

项目名称：某商场消防报警工程

序号	费用名称	计算方法	金额（元）
一	分部分项工程费		
	计费基础 JD1		
二	措施项目费		
	2.1 单价措施费		
	1. 脚手架搭拆费		
	其中：人工费		
	2.2 总价措施费		
	1. 夜间施工费		
	2. 二次搬运费		
	3. 冬雨季施工增加费		
	4. 已完工程及设备保护费		
	计费基础 JD2		
三	其他项目费		
	3.1 暂列金额		
	3.2 专业工程暂估价		
	3.3 特殊项目暂估价		
	3.4 计日工		
	3.5 采购保管费		
	3.6 其他检验试验费		
	3.7 总承包服务费		
	3.8 其他		
四	企业管理费		
五	利润		
六	规费		
	6.1 安全文明施工费		
	6.2 社会保险费		
	6.3 住房公积金		
	6.4 工程排污费		
	6.5 建设项目工伤保险		
七	设备费		
八	税金		
九	工程费用合计		

三、工程量清单（见表 5 - 5）

表 5 - 5　　　　　　　　　　　　　　　　　　　　　　　分部分项工程和单价措施项目清单表

工程名称：某商场消防报警工程　　第　页　共　页

序号	项目编码	项目名称	项目特征描述	计量单位	工程量
1					
2					
3					
4					
5					
6					
7					
8					
9					
10					
11					
12					
13					

四、工程量清单计价

1. 工程量清单综合计价分析表（见表 5 - 6～表 5 - 18）

表 5 - 6　　　　　　　　　　　　　　　　**工程量清单综合单价分析表**

工程名称：某商场消防报警工程　　　　　　　　　　　　标段：　　　　　　　　　　　　　　　　第 1 页　共　　页

项目编码				项目名称						计量单位	

清 单 综 合 单 价 组 成 明 细

定额编号	定额名称	定额单位	数量	单　价					合　价				
				人工费	材料费	机械费	管理费	利润	人工费	材料费	机械费	管理费	利润
人工单价		小　计											
___元/工日		未计价材料费											
清单项目综合单价													

材料费明细	主要材料名称、规格、型号			单位	数量	单价（元）	合价（元）	暂估单价（元）	暂估合价（元）
	其他材料费								
	材料费小计								

注　管理费按人工费___％，利润按人工费___计。

表 5 - 7　　　　　　　　　　　　　　**工程量清单综合单价分析表**

工程名称：某商场消防报警工程　　　　　　　　　标段：　　　　　　　　　　　　第 2 页　共　页

项目编码			项目名称							计量单位				

清 单 综 合 单 价 组 成 明 细

定额编号	定额名称	定额单位	数量	单价					合价				
				人工费	材料费	机械费	管理费	利润	人工费	材料费	机械费	管理费	利润

人工单价	小　计	
___元/工日	未计价材料费	
	清单项目综合单价	

材料费明细	主要材料名称、规格、型号	单位	数量	单价（元）	合价（元）	暂估单价（元）	暂估合价（元）
	其他材料费						
	材料费小计						

注　管理费按人工费___%，利润按人工费___计。

表 5 - 8　　　　　　　　　　　　　　**工程量清单综合单价分析表**

工程名称：某商场消防报警工程　　　　　　　　　标段：　　　　　　　　　　　　第 3 页　共　页

项目编码			项目名称							计量单位				

清 单 综 合 单 价 组 成 明 细

定额编号	定额名称	定额单位	数量	单价					合价				
				人工费	材料费	机械费	管理费	利润	人工费	材料费	机械费	管理费	利润

人工单价	小　计	
___元/工日	未计价材料费	
	清单项目综合单价	

材料费明细	主要材料名称、规格、型号	单位	数量	单价（元）	合价（元）	暂估单价（元）	暂估合价（元）
	其他材料费						
	材料费小计						

注　管理费按人工费___%，利润按人工费___计。

表 5 - 9　　　　　　　　　　　　　**工程量清单综合单价分析表**

工程名称：某商场消防报警工程　　　　　　　　　标段：　　　　　　　　　　第 4 页　共　页

项目编码				项目名称						计量单位			
						清单综合单价组成明细							

定额编号	定额名称	定额单位	数量	单价					合价				
				人工费	材料费	机械费	管理费	利润	人工费	材料费	机械费	管理费	利润

人工单价	小　计			
___元/工日	未计价材料费			
	清单项目综合单价			

材料费明细	主要材料名称、规格、型号	单位	数量	单价（元）	合价（元）	暂估单价（元）	暂估合价（元）
	其他材料费						
	材料费小计						

注　管理费按人工费___%，利润按人工费___计。

表 5 - 10　　　　　　　　　　　　**工程量清单综合单价分析表**

工程名称：某商场消防报警工程　　　　　　　　　标段：　　　　　　　　　　第 5 页　共　页

项目编码				项目名称						计量单位			
						清单综合单价组成明细							

定额编号	定额名称	定额单位	数量	单价					合价				
				人工费	材料费	机械费	管理费	利润	人工费	材料费	机械费	管理费	利润

人工单价	小　计			
___元/工日	未计价材料费			
	清单项目综合单价			

材料费明细	主要材料名称、规格、型号	单位	数量	单价（元）	合价（元）	暂估单价（元）	暂估合价（元）
	其他材料费						
	材料费小计						

注　管理费按人工费___%，利润按人工费___计。

表 5 - 11   **工程量清单综合单价分析表**

工程名称：某商场消防报警工程   标段：   第 6 页　共　页

项目编码				项目名称					计量单位			
清 单 综 合 单 价 组 成 明 细												
定额编号	定额名称	定额单位	数量	单　价					合　价				
				人工费	材料费	机械费	管理费	利润	人工费	材料费	机械费	管理费	利润
人工单价			小　计										
___元/工日			未计价材料费										
清单项目综合单价												
材料费明细	主要材料名称、规格、型号			单位		数量		单价（元）	合价（元）	暂估单价（元）		暂估合价（元）
	其他材料费											
	材料费小计											

注　管理费按人工费___％，利润按人工费___计。

表 5 - 12   **工程量清单综合单价分析表**

工程名称：某商场消防报警工程   标段：   第 7 页　共　页

项目编码				项目名称					计量单位			
清 单 综 合 单 价 组 成 明 细												
定额编号	定额名称	定额单位	数量	单　价					合　价				
				人工费	材料费	机械费	管理费	利润	人工费	材料费	机械费	管理费	利润
人工单价			小　计										
___元/工日			未计价材料费										
清单项目综合单价												
材料费明细	主要材料名称、规格、型号			单位		数量		单价（元）	合价（元）	暂估单价（元）		暂估合价（元）
	其他材料费											
	材料费小计											

注　管理费按人工费___％，利润按人工费___计。

表 5 - 13　　　　　　　　　　　　　　　　　　　　　**工程量清单综合单价分析表**

工程名称：某商场消防报警工程　　　　　　　　　　　　标段：　　　　　　　　　　　　　　　　第 8 页　共　页

项目编码				项目名称						计量单位			
清 单 综 合 单 价 组 成 明 细													
定额编号	定额名称	定额单位	数量	单　价					合　价				
				人工费	材料费	机械费	管理费	利润	人工费	材料费	机械费	管理费	利润
人工单价			小　计										
___元/工日			未计价材料费										
			清单项目综合单价										
材料费明细	主要材料名称、规格、型号					单位		数量		单价（元）	合价（元）	暂估单价（元）	暂估合价（元）
	其他材料费												
	材料费小计												

注　管理费按人工费___%，利润按人工费___计。

表 5 - 14　　　　　　　　　　　　　　　　　　　　　**工程量清单综合单价分析表**

工程名称：某商场消防报警工程　　　　　　　　　　　　标段：　　　　　　　　　　　　　　　　第 9 页　共　页

项目编码				项目名称						计量单位			
清 单 综 合 单 价 组 成 明 细													
定额编号	定额名称	定额单位	数量	单　价					合　价				
				人工费	材料费	机械费	管理费	利润	人工费	材料费	机械费	管理费	利润
人工单价			小　计										
___元/工日			未计价材料费										
			清单项目综合单价										
材料费明细	主要材料名称、规格、型号					单位		数量		单价（元）	合价（元）	暂估单价（元）	暂估合价（元）
	其他材料费												
	材料费小计												

注　管理费按人工费___%，利润按人工费___计。

表 5-15　　　　　　　　　　　　　　　**工程量清单综合单价分析表**

工程名称：某商场消防报警工程　　　　　　　　　　　标段：　　　　　　　　　　　　第 10 页　共　页

项目编码				项目名称						计量单位			

清单综合单价组成明细

定额编号	定额名称	定额单位	数量	单价					合价				
				人工费	材料费	机械费	管理费	利润	人工费	材料费	机械费	管理费	利润

人工单价	小　计								
＿＿元/工日	未计价材料费								
清单项目综合单价									

材料费明细	主要材料名称、规格、型号	单位	数量	单价（元）	合价（元）	暂估单价（元）	暂估合价（元）
	其他材料费						
	材料费小计						

注　管理费按人工费＿＿%，利润按人工费＿＿计。

表 5-16　　　　　　　　　　　　　　　**工程量清单综合单价分析表**

工程名称：某商场消防报警工程　　　　　　　　　　　标段：　　　　　　　　　　　　第 11 页　共　页

项目编码				项目名称						计量单位			

清单综合单价组成明细

定额编号	定额名称	定额单位	数量	单价					合价				
				人工费	材料费	机械费	管理费	利润	人工费	材料费	机械费	管理费	利润

人工单价	小　计								
＿＿元/工日	未计价材料费								
清单项目综合单价									

材料费明细	主要材料名称、规格、型号	单位	数量	单价（元）	合价（元）	暂估单价（元）	暂估合价（元）
	其他材料费						
	材料费小计						

注　管理费按人工费＿＿%，利润按人工费＿＿计。

表 5 - 17　　　　　　　　　　　　　**工程量清单综合单价分析表**

工程名称：某商场消防报警工程　　　　　　　　　标段：　　　　　　　　　　　　　　　第 12 页　共　页

项目编码			项目名称						计量单位				
清 单 综 合 单 价 组 成 明 细													
定额编号	定额名称	定额单位	数量	单　价					合　价				
				人工费	材料费	机械费	管理费	利润	人工费	材料费	机械费	管理费	利润
人工单价			小　计										
___元/工日			未计价材料费										
清单项目综合单价													
材料费明细	主要材料名称、规格、型号				单位		数量		单价（元）	合价（元）	暂估单价（元）		暂估合价（元）
	其他材料费												
	材料费小计												

注　管理费按人工费___％，利润按人工费___计。

表 5 - 18　　　　　　　　　　　　　**工程量清单综合单价分析表**

工程名称：某商场消防报警工程　　　　　　　　　标段：　　　　　　　　　　　　　　　第 13 页　共　页

项目编码			项目名称						计量单位				
清 单 综 合 单 价 组 成 明 细													
定额编号	定额名称	定额单位	数量	单　价					合　价				
				人工费	材料费	机械费	管理费	利润	人工费	材料费	机械费	管理费	利润
人工单价			小　计										
___元/工日			未计价材料费										
清单项目综合单价													
材料费明细	主要材料名称、规格、型号				单位		数量		单价（元）	合价（元）	暂估单价（元）		暂估合价（元）
	其他材料费												
	材料费小计												

注　管理费按人工费___％，利润按人工费___计。

2. 分部分项工程与单价措施项目清单计价表（见表 5 - 19）

表 5 - 19　　　　　　　　　　　　　　　**分部分项工程和单价措施项目清单计价表**

工程名称：某商场消防报警工程　　　　　　　　　　　　　　　　　　　　　　　　　　　　　　　　　　　第　页　共　页

序号	项目编码	项目名称	项目特征描述	计量单位	工程量
1					
2					
3					
4					
5					
6					
7					
8					
9					
10					
11					
12					
13					
14					
15					

3. 总价措施项目清单计价表（见表 5 - 20）

表 5 - 20   **总价措施项目清单表**

工程名称：某商场消防报警工程   标段：   第1页 共1页

序号	项目编码	项目名称	计算基础	费率（%）	金额（元）	调整费率（%）	调整后金额（元）	备注
		合计						

编制人（造价人员）：   复核人（造价工程师）：

注 计算基础为人工费。

4. 规费、税金项目计价表（见表 5 - 21）

表 5 - 21   **规费、税金项目计价表**

工程名称：某商场消防报警工程   标段：   第1页 共1页

序号	项目名称	计算基础	计算基数	计算费率（%）	金额（元）
1	规费				
1.1	安全文明施工费				
1.1.1	环境保护费				
1.1.2	文明施工费				
1.1.3	临时设施费				
1.1.4	安全施工费				
1.2	工程排污费				
1.3	社会保险费				
1.4	住房公积金				
1.5	建设项目工伤保险				
2	税金				
	合计				

编制人（造价人员）：   复核人（造价工程师）：

注 1. 规费的计算基础为：分部分项工程费＋措施项目费＋其他项目费。其他项目费本例不计。

2. 税金的计算基础为：分部分项工程费＋措施项目费＋其他项目费＋规费。其他项目费本例不计。

5. 单位工程投标报价汇总表（见表 5 - 22）

表 5 - 22　　　　　　　　　　　　　　　　　　　单位工程投标报价汇总表

工程名称：某商场消防报警工程　　　　　　　　　　　标段：　　　　　　　　　　　　　　　　　　　　　　第　页　共　页

序号	汇总内容	金额（元）	其中：暂估价（元）
一	分部分项工程费		
二	措施项目费		
1	单价措施项目费		
2	总价措施项目费		
①	夜间施工费		
②	二次搬运费		
③	冬雨季施工增加费		
④	已完工程及设备保护费		
⑤	脚手架搭拆费		
三	其他项目费		
1	暂列金额		
2	专业工程暂估价		
3	计日工		
4	总承包服务费		
四	规费		
1	安全文明施工费		
①	环境保护费		
②	文明施工费		
③	临时设施费		
④	安全施工费		
2	工程排污费		
3	社会保障费		
4	住房公积金		
5	建设项目工伤保险		
五	税金		
	投标报价合计＝一＋二＋三＋四＋五		

【习题六】某车间通风系统工程定额计价及清单计价案例

一、设计说明

（1）如图 6-1～图 6-3 所示为某车间通风系统。图中标注标高以 m 计，其余均以 mm 计。

（2）通风风管采用镀锌薄钢板，咬口制作，共板法兰连接。其中：矩形风管长边长小于等于 630mm，镀锌铁皮厚 $\delta=0.6$mm；矩形风管长边长小于等于 1000mm，镀锌铁皮厚 δ 等于 0.75mm。

（3）风量调节阀、铝合金百叶风口、高效过滤器、VAV 变风量末端装置等均按成品考虑。

（4）未尽事宜均参照有关标准或规范执行。

（5）未计价主要材料（主材）价格按表 6-1 执行。

表 6-1   主要材料（主材）价格

序号	名称	单位	单价（元）
1	镀锌钢板厚 $\delta=0.6$mm	元/m²	60.00
2	镀锌钢板厚 $\delta=0.75$mm	元/m²	70.00
3	调节蝶阀（高×宽）320mm×250mm	元/个	200.00
4	瓣式启动阀 直径 ϕ545	元/个	400.00
5	铝合金带过滤器百叶风口（高×宽）1000mm×500mm	元/个	500.00
6	VAV 变风量末端装置	元/台	1500.00
7	高效过滤器	元/台	2000.00
8	轴流风机 20 号	元/台	2500.00

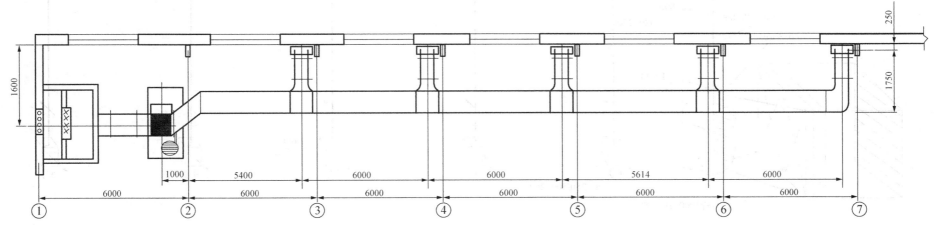

图 6-1   某车间通风系统工程平面图

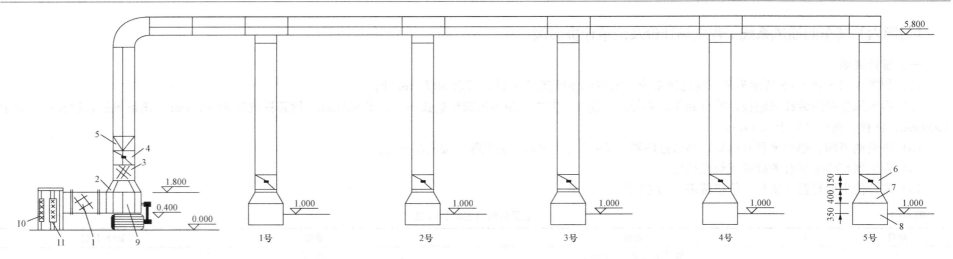

图 6-2　某车间通风系统立面图

注　1. 帆布软管接口 1000m×1000m/φ800m L＝800m；2. 天圆地方 560mm×540mm/φ545mm L＝600mm；3. 帆布软管接口 φ545mm L＝150mm；
4. 风机瓣式启动阀 φ545mm L＝400mm；5. 天圆地方 φ545/320mm×800mm L＝500mm；6. 调节蝶阀 320mm×250mm L＝150mm；
7. 变径管 320mm×250mm/500mm×250mm L＝400mm；8. VAV 变风量末端装置；9. 轴流风机 20 号；10. 带过滤器百叶风口 1000mm×500mm；11. 高效过滤器

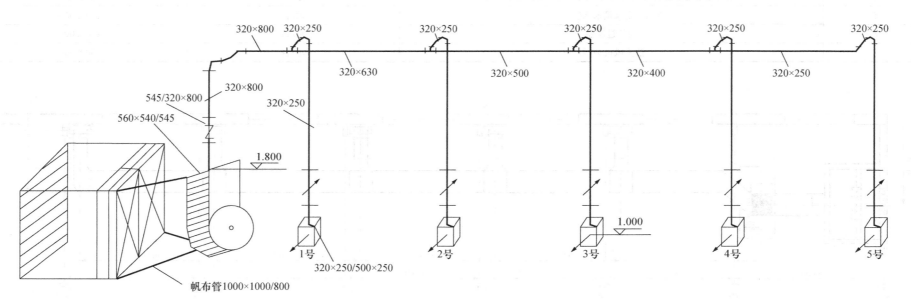

图 6-3　某车间通风系统图

二、定额计价模式确定工程造价

1. 工程量计算（见表 6-2）

表 6-2　　　　　　　　　　　　　　　　　　　**工程量计算书**

项目名称：某车间通风系统

序号	分部分项工程名称	单位	计算公式	工程量
1				
2				
3				
4				
5				
6				
7				
8				
9				
10				
11				
12				
13				
14				
15				

2. 计算分部分项工程费

根据以上工程量，套用《山东省安装工程价目表》第七册，列表计算此单位工程分部分项工程费，见表 6-3。

表 6-3　　　　　　　　　　　　　　　　　　　　　　安装工程预（结）算书

工程名称：某车间通风管道工程　　　　　　　　　　　　　　　　　　　　　　　　　　　　　　　　　　　　　共 页 第 页

序号	定额编号	项目名称	单位	数量	增值税（一般计税）			合计		
					单价	人工费	主材费	合价	人工费	主材费
1										
2										
3										
4										
5										
6										
7										
8										
9										
10										
11										
12										

3. 计算安装工程费用（造价）（见表 6-4）

表 6-4 定额计价的计算程序

项目名称：某车间通风系统

序号	费用名称	计算方法	金额（元）
一	分部分项工程费		
	计费基础 JD1		
二	措施项目费		
	2.1 单价措施费		
	1. 脚手架搭拆费		
	其中：人工费		
	2. 通风系统调整费		
	其中：人工费		
	2.2 总价措施费		
	1. 夜间施工费		
	2. 二次搬运费		
	3. 冬雨季施工增加费		
	4. 已完工程及设备保护费		
	计费基础 JD2		
三	其他项目费		
	3.1 暂列金额		
	3.2 专业工程暂估价		
	3.3 特殊项目暂估价		
	3.4 计日工		
	3.5 采购保管费		
	3.6 其他检验试验费		
	3.7 总承包服务费		
	3.8 其他		
四	企业管理费		
五	利润		
六	规费		
	6.1 安全文明施工费		
	6.2 社会保险费		
	6.3 住房公积金		
	6.4 工程排污费		
	6.5 建设项目工伤保险		
七	设备费		
八	税金		
九	工程费用合计		

三、工程量清单（见表 6 - 5）

表 6 - 5   **分部分项工程和单价措施项目清单表**

工程名称：某车间通风管道工程   第 页 共 页

序号	项目编码	项目名称	项目特征描述	计量单位	工程量

四、工程量清单计价

1. 工程量清单综合计价分析表（见表 6 - 6～表 6 - 15）

表 6 - 6   **工程量清单综合单价分析表**

工程名称：某车间通风管道工程   标段：   第 1 页 共 页

项目编码			项目名称					计量单位				
清单综合单价组成明细													
定额编号	定额名称	定额单位	数量	单价					合价				
				人工费	材料费	机械费	管理费	利润	人工费	材料费	机械费	管理费	利润
人工单价		小 计											
___元/工日		未计价材料费												
清单项目综合单价														
材料费明细	主要材料名称、规格、型号				单位		数量		单价（元）	合价（元）	暂估单价（元）		暂估合价（元）
	其他材料费												
	材料费小计												

注 管理费按人工费___%，利润按人工费___计。

表6-7

工程量清单综合单价分析表

工程名称：某车间通风管道工程　　　　　　　　标段：　　　　　　　　第2页 共 页

项目编码				项目名称						计量单位		
清单综合单价组成明细												
定额编号	定额名称	定额单位	数量	单 价					合 价				
				人工费	材料费	机械费	管理费	利润	人工费	材料费	机械费	管理费	利润
人工单价		小 计											
___元/工日		未计价材料费											
清单项目综合单价													
材料费明细	主要材料名称、规格、型号			单位		数量		单价（元）	合价（元）	暂估单价（元）		暂估合价（元）	
	其他材料费												
	材料费小计												

注 管理费按人工费____％，利润按人工费____计。

表6-8

工程量清单综合单价分析表

工程名称：某车间通风管道工程　　　　　　　　标段：　　　　　　　　第3页 共 页

项目编码				项目名称						计量单位		
清单综合单价组成明细												
定额编号	定额名称	定额单位	数量	单 价					合 价				
				人工费	材料费	机械费	管理费	利润	人工费	材料费	机械费	管理费	利润
人工单价		小 计											
___元/工日		未计价材料费											
清单项目综合单价													
材料费明细	主要材料名称、规格、型号			单位		数量		单价（元）	合价（元）	暂估单价（元）		暂估合价（元）	
	其他材料费												
	材料费小计												

注 管理费按人工费____％，利润按人工费____计。

表 6 - 9

工程量清单综合单价分析表

工程名称：某车间通风管道工程　　　　　　　　　　标段：　　　　　　　　　　　　　　　第 4 页　共　页

项目编码				项目名称						计量单位			
清 单 综 合 单 价 组 成 明 细													
定额编号	定额名称	定额单位	数量	单　价					合　价				
				人工费	材料费	机械费	管理费	利润	人工费	材料费	机械费	管理费	利润
人工单价			小　计										
＿＿＿元/工日			未计价材料费										
清单项目综合单价													
材料费明细	主要材料名称、规格、型号				单位		数量		单价（元）	合价（元）	暂估单价（元）		暂估合价（元）
	其他材料费												
	材料费小计												

注　管理费按人工费＿＿＿％，利润按人工费＿＿＿计。

表 6 - 10

工程量清单综合单价分析表

工程名称：某车间通风管道工程　　　　　　　　　　标段：　　　　　　　　　　　　　　　第 5 页　共　页

项目编码				项目名称						计量单位			
清 单 综 合 单 价 组 成 明 细													
定额编号	定额名称	定额单位	数量	单　价					合　价				
				人工费	材料费	机械费	管理费	利润	人工费	材料费	机械费	管理费	利润
人工单价			小　计										
＿＿＿元/工日			未计价材料费										
清单项目综合单价													
材料费明细	主要材料名称、规格、型号				单位		数量		单价（元）	合价（元）	暂估单价（元）		暂估合价（元）
	其他材料费												
	材料费小计												

注　管理费按人工费＿＿＿％，利润按人工费＿＿＿计。

表 6 - 11　　　　　　　　　　　　　　　**工程量清单综合单价分析表**

工程名称：某车间通风管道工程　　　　　　　　　　标段：　　　　　　　　　　　　第 6 页 共　页

项目编码		项目名称		计量单位	

清单综合单价组成明细

定额编号	定额名称	定额单位	数量	单价					合价				
				人工费	材料费	机械费	管理费	利润	人工费	材料费	机械费	管理费	利润
人工单价				小　计									
___元/工日				未计价材料费									
清单项目综合单价													

材料费明细	主要材料名称、规格、型号			单位	数量	单价（元）	合价（元）	暂估单价（元）	暂估合价（元）
	其他材料费								
	材料费小计								

注　管理费按人工费___％，利润按人工费___计。

表 6 - 12　　　　　　　　　　　　　　　**工程量清单综合单价分析表**

工程名称：某车间通风管道工程　　　　　　　　　　标段：　　　　　　　　　　　　第 7 页 共　页

项目编码		项目名称		计量单位	

清单综合单价组成明细

定额编号	定额名称	定额单位	数量	单价					合价				
				人工费	材料费	机械费	管理费	利润	人工费	材料费	机械费	管理费	利润
人工单价				小　计									
___元/工日				未计价材料费									
清单项目综合单价													

材料费明细	主要材料名称、规格、型号			单位	数量	单价（元）	合价（元）	暂估单价（元）	暂估合价（元）
	其他材料费								
	材料费小计								

注　管理费按人工费___％，利润按人工费___计。

表 6-13   工程量清单综合单价分析表

工程名称：某车间通风管道工程   标段：   第 8 页 共 页

项目编码		项目名称			计量单位	

清 单 综 合 单 价 组 成 明 细

定额编号	定额名称	定额单位	数量	单价					合价				
				人工费	材料费	机械费	管理费	利润	人工费	材料费	机械费	管理费	利润
人工单价				小　计									
___元/工日				未计价材料费									
清单项目综合单价													

材料费明细	主要材料名称、规格、型号				单位		数量		单价（元）	合价（元）	暂估单价（元）	暂估合价（元）
	其他材料费											
	材料费小计											

注　管理费按人工费___%，利润按人工费___计。

表 6-14   工程量清单综合单价分析表

工程名称：某车间通风管道工程   标段：   第 9 页 共 页

项目编码		项目名称			计量单位	

清 单 综 合 单 价 组 成 明 细

定额编号	定额名称	定额单位	数量	单价					合价				
				人工费	材料费	机械费	管理费	利润	人工费	材料费	机械费	管理费	利润
人工单价				小　计									
___元/工日				未计价材料费									
清单项目综合单价													

材料费明细	主要材料名称、规格、型号				单位		数量		单价（元）	合价（元）	暂估单价（元）	暂估合价（元）
	其他材料费											
	材料费小计											

注　管理费按人工费___%，利润按人工费___计。

表 6-15

工程量清单综合单价分析表

工程名称：某车间通风管道工程   标段：   第 10 页 共 页

项目编码			项目名称						计量单位				
清 单 综 合 单 价 组 成 明 细													
定额编号	定额名称	定额单位	数量	单 价					合 价				
				人工费	材料费	机械费	管理费	利润	人工费	材料费	机械费	管理费	利润
人工单价			小 计										
___元/工日			未计价材料费										
清单项目综合单价													
材料费明细	主要材料名称、规格、型号				单位		数量		单价（元）	合价（元）	暂估单价（元）	暂估合价（元）	
	其他材料费												
	材料费小计												

注 管理费按人工费___%，利润按人工费___计。

2. 分部分项工程和单价措施项目清单计价表（见表 6-16）

表 6-16

分部分项工程和单价措施项目清单计价表

工程名称：某车间通风管道工程   第 页 共 页

序号	项目编码	项目名称	项目特征描述	计量单位	工程量	金额（元）			
						综合单价	合价	其中：人工费	其中：暂估价
1									
2									
3									
4									
5									
6									
7									
8									
9									
10									
合 计									

3. 总价措施项目清单计价表（见表 6-17）

表 6-17　　　　　　　　　　　　　　　　**总价措施项目清单计价表**

工程名称：某车间通风系统　　　　　　　　　　标段：　　　　　　　　　　　　　　　　　　　　第　页　共　页

序号	项目编码	项目名称	计算基础	费率（%）	金额（元）	调整费率（%）	调整后金额（元）	备注
合计								

编制人（造价人员）：　　　　　　　　　　　复核人（造价工程师）：

注　计算基础为人工费。

4. 规费、税金项目计价表（见表 6-18）

表 6-18　　　　　　　　　　　　　　　**规费、税金项目计价表**

工程名称：某车间通风系统　　　　　　　　　　标段：　　　　　　　　　　　　　　　　　　　第1页　共1页

序号	项目名称	计算基础	计算基数	计算费率（%）	金额（元）
1	规费				
1.1	安全文明施工费				
1.1.1	环境保护费				
1.1.2	文明施工费				
1.1.3	临时设施费				
1.1.4	安全施工费				
1.2	工程排污费				
1.3	社会保险费				
1.4	住房公积金				
1.5	建设项目工伤保险				
2	税金				
合计					

编制人（造价人员）：　　　　　　　　　　　复核人（造价工程师）：

注　1. 规费的计算基础为：分部分项工程费＋措施项目费＋其他项目费。其他项目费本例不计。

　　2. 税金的计算基础为：分部分项工程费＋措施项目费＋其他项目费＋规费。其他项目费本例不计。

5. 单位工程投标报价汇总表（见表6-19）

表 6-19　　　　　　　　　　　　　　　　　　　**单位工程投标报价汇总表**

工程名称：某车间通风系统　　　　　　　　　　　标段：　　　　　　　　　　　　　　　　第1页　共1页

序号	汇总内容	金额（元）	其中：暂估价（元）
一	分部分项工程费		
二	措施项目费		
1	单价措施项目费		
2	总价措施项目费		
①	夜间施工费		
②	二次搬运费		
③	冬雨季施工增加费		
④	已完工程及设备保护费		
⑤	脚手架搭拆费		
三	其他项目费		
1	暂列金额		
2	专业工程暂估价		
3	计日工		
4	总承包服务费		
四	规费		
1	安全文明施工费		
①	环境保护费		
②	文明施工费		
③	临时设施费		
④	安全施工费		
2	工程排污费		
3	社会保障费		
4	住房公积金		
5	建设项目工伤保险		
五	税金		
	投标报价合计＝一＋二＋三＋四＋五		

第二部分 工程造价实训参考答案

【习题一】某住宅楼给排水安装工程定额计价及清单计价案例参考答案

一、定额计价模式确定工程造价

1. 工程量计算 ［见表 1-2（A）］

表 1-2（A）   工程量计算书

工程名称：某住宅楼给排水安装工程

序号	项目名称	单位	计算公式	工程数量	明装水平管	明装立管
1	PP-R 管热熔连接 DN32（De40）	m	1.5+1.2	2.7		
2	PP-R 管热熔连接 DN25（De32）	m	（3.6+0.8）+（1.6+1.5+0.8）+1+1	10.3		2
3	PP-R 管热熔连接 DN20（De25）	m	3×4	12		12
4	PP-R 管热熔连接 DN15（De20）	m	3×2+（2+1.6+2+3+1.6+1.8+2）×4+（0.8+1.8+1.2+0.3+0.6）×4	80.8	74.8	6
5	铸铁管水泥接口 DN150	m	（1.5+0.4+0.6）×4+1.5+1.5+1.2+0.5	14.7		
6	铸铁管水泥接口 DN100	m	0.4×4+0.8+0.5+0.4	3.3		
7	铸铁管水泥接口 DN75	m	2×2+1	5		
8	铸铁管水泥接口 DN50	m	0.4×3×2+0.4×2+0.4	3.6		
9	塑料螺旋消声管粘接连接 DN100（De110）	m	（6-0.4）×2+（9-0.4）×2+0.8×3+0.5×3+0.4×3	33.5	28.4	5.1
10	塑料螺旋消声管粘接连接 DN75（De75）	m	3×2+2×3×2+1×3	21	15	6
11	塑料螺旋消声管粘接连接 DN50（De50）	m	（3+0.4+1.5）×4+0.4×3×3×2+0.4×2×3+0.4×3	30.4	10.8	19.6
12	塑料阀门热熔连接 DN25	个		2		
13	塑料阀门热熔连接 DN15	个	2×4	8		
14	水表 DN15	个	2×4	8		
15	搪瓷浴盆	套		4		
16	立柱式洗脸盆	套		4		
17	洗菜池	套		8		
18	高水箱蹲便器	套		4		
19	坐便器	套		4		
20	拖布池	套		8		
21	成套塑料管熔接淋浴器	套		4		

续表

序号	项目名称	单位	计算公式	工程数量	明装水平管	明装立管
22	铸铁地漏 DN50	个	2×2+1+1	6		
23	塑料地漏 DN50	个	2×3×2+3+3	18		
24	管卡 DN100 排水	个	28.4×9.09/10+5.1×5/10	28		
25	管卡 DN80 排水	个	15×11.11/10+6×5.88/10	20		
26	管卡 DN50 排水	个	10.8×20/10+19.6×8.33/10	38		
27	管卡 DN25 给水	个	2×9.09/10	2		
28	管卡 DN20 给水	个	12×10/10	12		
29	管卡 DN15 给水	个	74.8×16.67/10+6×11.11/10	131		
30	一般钢套管 DN150	个	4	4		
31	一般钢套管 DN32	个	1	1		
32	一般钢套管 DN25	个	2	2		
33	一般钢套管 DN20	个	2×2	4		
34	一般钢套管 DN15	个	2+4+4+4	14		
35	给水管消毒冲洗 DN32 内	m	2.7+10.3+12+80.8	106		
36	机械钻孔（砖墙）150mm	个	4	4		
37	机械钻孔（砖墙）32mm	个	1	1		
38	机械钻孔（砖墙）25mm	个	2	2		
39	机械钻孔（砖墙）15mm	个	4+4+4	12		
40	楼板预留孔洞 DN100	个	2×2+3+3+（4+4）	18		
41	楼板预留孔洞 DN75	个	1×2	2		
42	楼板预留孔洞 DN50	个	2×4+（3×4×2+3×4+1×4）	48		
43	楼板预留孔洞 DN25	个	2	2		
44	楼板预留孔洞 DN20	个	2×2	4		
45	楼板预留孔洞 DN15	个	1×2	2		
46	堵洞 DN100（排水管）	个		18		
47	堵洞 DN75（排水管）	个		2		
48	堵洞 DN50（排水管）	个		48		
49	铸铁管除轻锈	m²	(51.84×14.7/100+35.8×3.3/100+27.79×5/100+18.85×3.6/100)×1.2	13.04		
50	铸铁管道刷沥青漆	m²	(51.84×14.7/100+35.8×3.3/100+27.79×5/100+18.85×3.6/100)×1.2	13.04		

注　1. 管件数量参考《安装工程消耗量定额》第十册定额附录三计算，如 DN32 管件：2.7×8.87/10＝2。

　　2. 管卡数量参照第十册定额附录五计。

　　3. 楼板预留洞口除给、排水立管以外，还包括卫生器具排水支管。

　　4. 承插管承头面积增加系数为 1.2。

2. 分部分项工程费计算［见表 1-3（A）］

表 1-3（A）　　　　　　　　　　　　　　　安装工程预（结）算书

工程名称：某住宅楼给排水安装工程

序号	定额编号	项目名称	单位	数量	增值税（一般计税）			合计		
					单价	人工费	主材费	合价	人工费	主材费
1	10-1-326	PP-R 管热熔连接 De40	10m	0.27	143.24	140.9	81.28	38.67	38.04	21.95
		管件 De40	个	2			5.00			11.97
2	10-1-325	PP-R 管热熔连接 De32	10m	1.03	127.3	125.35	60.96	131.12	129.11	62.79
		管件 De32	个	11			4.00			44.54
3	10-1-324	PP-R 管热熔连接 De25	10m	1.2	117.76	116.08	40.64	141.31	139.30	48.77
		管件 De25	个	15			3.00			44.10
4	10-1-323	PP-R 管热熔连接 De20	10m	8.08	106.06	104.55	20.32	856.96	844.76	164.19
		管件 De20	个	123			2.00			245.63
5	10-1-224	铸铁排水管水泥接口 DN150	10m	1.47	397.97	330.32	472.50	585.02	485.57	694.58
		管件 DN150	个	7			45.00			295.03
6	10-1-223	铸铁排水管水泥接口 DN100	10m	0.33	353.89	311.47	362.00	116.78	102.79	119.46
		管件 DN100	个	3			35.00			105.00
7	10-1-222	铸铁排水管水泥接口 DN75	10m	0.5	273.19	241.33	286.50	136.60	120.67	143.25
		管件 DN75	个	3			25.00			75.00
8	10-1-221	铸铁排水管水泥接口 DN50	10m	0.36	219.31	201.67	195.60	78.95	72.60	70.42
		管件 DN50	个	2			15.00			30.00
9	10-1-367	UPVC 管 De110	10m	3.35	198.98	192.61	237.50	666.58	645.24	795.63
		管件 De110	个	39			18.00			697.07
10	10-1-366	UPVC 管 De75	10m	2.1	176.98	172.83	147.00	371.66	362.94	308.70
		管件 De75	个	19			15.00			285.00
11	10-1-365	UPVC 管 De50	10m	3.04	131.37	129.06	101.20	399.36	392.34	307.65
		管件 De50	个	21			10.00			210.00
		透气帽 De50	个	4			20.00			80.00
12	10-5-94	塑料阀门 DN25	个	2	6.32	6.18	40.40	12.64	12.36	80.80
13	10-5-92	塑料阀门 DN15	个	8	4.21	4.12	20.20	33.68	32.96	161.60
14	10-5-287（人工×0.6）	普通水表 DN15	个	8	18.19	9.89	50.00	145.52	79.12	400.00
15	10-6-1	搪瓷浴盆	10套	0.4	1037.31	805.46	15150.00	414.92	322.18	6060.00
16	10-6-18	立柱式洗脸盆	10套	0.4	599.29	391.61	5050.00	239.72	156.64	2020.00
17	10-6-23	洗菜池	10套	0.8	409.41	329.6	3030.00	327.53	263.68	2424.00

续表

序号	定额编号	项目名称	单位	数量	增值税（一般计税）			合计		
					单价	人工费	主材费	合价	人工费	主材费
18	10-6-33	高水箱蹲便器	10套	0.4	1307.07	818.85	2525.00	522.83	327.54	1010.00
19	10-6-34	坐便器	10套	0.4	1268.22	794.34	10100.00	507.29	317.74	4040.00
20	10-6-49	拖布池	10套	0.8	453.64	329.6	1010.00	362.91	263.68	808.00
21	10-6-55	成套塑料管熔接淋浴器	10套	0.4	307.04	217.33	3030.00	122.82	86.93	1212.00
22	10-6-90	塑料地漏 DN50	10个	1.8	122.33	120.82	404.00	220.19	217.48	727.20
23	10-6-94	铸铁地漏 DN50	10个	0.6	145.85	145.02	505.00	87.51	87.01	303.00
24	10-11-16	成品管卡 DN100	个	28	2.9	1.96	10.50	82.26	55.60	297.84
25	10-11-15	成品管卡 DN80	个	20	2.2	1.75	8.40	44.42	35.34	169.62
26	10-11-14	成品管卡 DN50	个	38	1.97	1.55	6.30	74.72	58.79	238.94
27	10-11-12	成品管卡 DN25	个	2	1.62	1.24	4.20	2.95	2.25	7.64
28	10-11-11	成品管卡 DN20	个	12	1.51	1.13	3.15	18.12	13.56	37.80
29	10-11-11	成品管卡 DN15	个	131	1.51	1.13	2.10	198.35	148.43	275.85
30	10-11-32	一般钢套管 DN150	个	4	87.33	58.61	19.08	349.32	234.44	76.32
31	10-11-26	一般钢套管 DN32	个	1	13.31	9.99	6.36	13.31	9.99	6.36
32	10-11-26	一般钢套管 DN25	个	2	13.31	9.99	4.77	26.62	19.98	9.54
33	10-11-25	一般钢套管 DN20	个	4	11.27	8.76	3.82	45.08	35.04	15.26
34	10-11-25	一般钢套管 DN15	个	14	11.27	8.76	3.18	157.78	122.64	44.52
35	10-11-139	给水管消毒冲洗 DN32 内	100m	1.06	49.89	47.38		52.88	50.22	0.00
36	10-11-176×0.4	机械钻孔（砖墙）150mm	10个	0.4	212.07	196.94		84.83	78.77	0.00
37	10-11-172×0.4	机械钻孔（砖墙）32mm 以内	10个	1.5	94.73	86.93		142.10	130.40	0.00
38	10-11-180	楼板预留孔洞 DN100	10个	1.8	81.32	60.77		146.38	109.39	0.00
39	10-11-179	楼板预留孔洞 DN75	10个	0.2	69.49	56.65		13.90	11.33	0.00
40	10-11-177	楼板预留孔洞 DN50	10个	4.8	53.45	44.29		256.56	212.59	0.00
41	10-11-177	楼板预留孔洞 DN25	10个	0.4	53.45	44.29		21.38	17.72	0.00
42	10-11-177	楼板预留孔洞 DN20	10个	0.2	53.45	44.29		10.69	8.86	0.00
43	10-11-177	楼板预留孔洞 DN15	10个	0.2	53.45	44.29		10.69	8.86	0.00
44	10-11-202	堵洞 DN100（排水管）	10个	1.8	151.06	36.87		271.91	66.37	0.00
45	10-11-201	堵洞 DN75（排水管）	10个	0.2	130.19	31.93		26.04	6.39	0.00
46	10-11-199	堵洞 DN50（排水管）	10个	4.8	89.2	25.75		428.16	123.60	0.00
47		10 册小计						7586.39	6286.97	25286.99
48	12-1-19	铸铁管除轻锈	10m²	1.3	40.95	37.29		53.24	48.48	0.00
49	12-2-134	铸铁管道刷沥青漆第一遍	10m²	1.3	34.45	33.06	14.4	44.79	42.98	18.72
50	12-2-135	铸铁管道刷沥青漆增一遍	10m²	1.3	33.38	32.14	13.7	43.39	41.78	17.81
51		12 册小计						141.41	133.24	36.53
52		分部分项工程费			7586.39+25286.99+141.41+36.53=33051.32			33051.32	6420.21	

3. 计算安装工程费用（造价）［见表1-4（A）］

表1-4（A） 定额计价的计算程序

项目名称：某住宅楼给排水安装工程

序号	费用名称	计算方法	金额（元）
一	分部分项工程费	详表1-3合价	33051.32
	计费基础JD1	详表1-3合计人工费	6420.21
二	措施项目费	2.1+2.2	873.15
	2.1单价措施费		321.01
	脚手架搭拆费	6420.21×5%	321.01
	其中：人工费	321.01×35%	112.35
	2.2总价措施费	1+2+3+4	552.14
	1. 夜间施工费	6420.21×2.50%	160.51
	2. 二次搬运费	6420.21×2.10%	134.82
	3. 冬雨季施工增加费	6420.21×2.80%	179.77
	4. 已完工程及设备保护费	6420.21×1.20%	77.04
	计费基础JD2	112.35+160.51×50%+134.82×40%+179.777×40%+77.04×25%	337.70
三	其他项目费	3.1+3.3+…+3.8	
	3.1暂列金额		
	3.2专业工程暂估价		
	3.3特殊项目暂估价		
	3.4计日工	按相应规定计算	
	3.5采购保管费		
	3.6其他检验试验费		
	3.7总承包服务费		
	3.8其他		
四	企业管理费	（6420.21+337.70）×55%	3716.85
五	利润	（6420.21+337.70）×32%	2162.53
六	规费	6.1+6.2+6.3+6.4+6.5	2897.72
	6.1安全文明施工费	（33051.32+873.15+3716.85+2162.53）×5.01%	2030.00
	6.2社会保险费	（33051.32+873.15+3716.85+2162.53）×1.52%	605.02
	6.3住房公积金	（33051.32+873.15+3716.85+2162.53）×0.22%	87.57
	6.4工程排污费	（33051.32+873.15+3716.85+2162.53）×0.28%	111.45
	6.5建设项目工伤保险	（33051.32+873.15+3716.85+2162.53）×0.16%	63.69
七	设备费	Σ（设备单价×设备工程量）	
八	税金	（33051.32+873.15+3716.85+2162.53+2897.72）×11%	4697.17
九	工程费用合计	33051.32+873.15+3716.85+2162.53+2897.72+4697.17	47398.75

二、工程量清单

1. 封面及扉页

<u>　　某住宅楼给排水安装　　</u>工程

招 标 工 程 量 清 单

招　标　人：<u>　　　　×××　　　　　</u>（单位盖章）

造价咨询人：<u>　　　　×××　　　　　</u>（单位盖章）

×××× 年 ×× 月 ×× 日

　　　　　　　　<u>　某住宅楼给排水安装　</u>工程

招 标 工 程 量 清 单

工程造价

招标人：<u>　　　×××　　　　　　</u>　　　　咨询人：<u>　　　　×××　　　</u>
　　　　　（单位盖章）　　　　　　　　　　　　（单位资质专用章）

法定代表人　　　　　　　　　　　　　　法定代表人
或其授权人：<u>　　　×××　　　　　</u>　　　或其授权人：<u>　　　×××　　　</u>
　　　　　　（签字或盖章）　　　　　　　　　　（签字或盖章）

编制人：<u>　　　×××　　　　　　</u>　　　复核人：<u>　　　×××　　　　</u>
　　　（造价人员签字盖专用章）　　　　　　（造价工程师签字盖专用章）

编制时间：××××年××月××日　　　　复核时间：××××年××月××日

2. 总说明

总　说　明

工程名称：某住宅楼给排水安装

（1）工程概况：建设面积545.28平方米，砖混结构，四层住宅楼；总计划工期为180天；施工现场达到三通一平；本项目位于旅游路以南，彩龙路以西。
（2）工程招标和分包范围：本项目招标范围为设计图纸中给排水安装工程全部内容；无分包项目。
（3）工程量清单编制依据："13计价规范""13计算规范"2016年《山东省安装工程消耗量定额》等。
（4）工程质量：合格；材料乙供。

3. 分部分项工程和单价措施项目清单表［见表1-5（A）］

根据《计价规范》（GB 50500—2013）、《计算规范》（GB 50856—2013）工程量计算规则及参考表1-2计算。

表1-5（A）　　　　　　　　　　　　　　　分部分项工程和单价措施项目清单表

工程名称：某住宅楼给排水安装工程

序号	项目编码	项目名称	项目特征描述	计量单位	工程量
1	031001005001	铸铁管	室内排水工程，铸铁管DN150，承插连接，水泥接口，灌水试验通水试验	m	14.7
2	031001005002	铸铁管	室内排水工程，铸铁管DN100，承插连接，水泥接口，灌水试验通水试验	m	3.3
3	031001005003	铸铁管	室内排水工程，铸铁管DN75，承插连接，水泥接口，灌水试验通水试验	m	5
4	031001005004	铸铁管	室内排水工程，铸铁管DN50，承插连接，水泥接口，灌水试验通水试验	m	3.6
5	031001006001	塑料管	室内给水工程，PPR管De40，热熔连接，水压试验和消毒冲洗，管卡固定	m	2.7
6	031001006002	塑料管	室内给水工程，PPR管De32，热熔连接，水压试验和消毒冲洗，管卡固定，混凝土楼板预留孔洞	m	10.3
7	031001006003	塑料管	室内给水工程，PPR管De25，热熔连接，水压试验和消毒冲洗，管卡固定，混凝土楼板预留孔洞	m	12
8	031001006004	塑料管	室内给水工程，PPR管De20，热熔连接，水压试验和消毒冲洗，管卡固定，混凝土楼板预留孔洞	m	80.8
9	031001006005	塑料管	室内排水工程，UPVC管De110，粘结连接，灌水试验通水试验，管卡固定，混凝土楼板预留孔洞，水泥填充恢复	m	33.5
10	031001006006	塑料管	室内排水工程，UPVC管De75，粘结连接，灌水试验通水试验，管卡固定，混凝土楼板预留孔洞，水泥填充恢复	m	21
11	031001006007	塑料管	室内排水工程，UPVC管De50，粘结连接，灌水试验通水试验，管卡固定，混凝土楼板预留孔洞，水泥填充恢复	m	30.4
12	031002003001	套管	钢套管，室内排水工程，介质规格DN150（套管规格D219*5）	个	4
13	031002003002	套管	钢套管，室内给水工程，介质规格DN32（套管规格DN50）	个	1
14	031002003003	套管	钢套管，室内给水工程，介质规格DN25（套管规格DN32）	个	2
15	031002003004	套管	钢套管，室内给水工程，介质规格DN20（套管规格DN25）	个	4
16	031002003005	套管	钢套管，室内给水工程，介质规格DN15（套管规格DN20）	个	14
17	031003005001	塑料阀门	DN25，承口热熔连接	个	2
18	031003005002	塑料阀门	DN15，承口热熔连接	个	8
19	031003013001	水表	室内，普通水表，DN15，螺纹连接	个	8
20	031004001001	搪瓷浴盆	搪瓷浴盆，成组安装	组	4
21	031004003001	洗脸盆	陶瓷，立柱式洗脸盆，成组安装	组	4
22	031004004001	洗涤盆	不锈钢材质，双池，长颈冷水嘴，成组安装	组	8
23	031004006001	大便器	陶瓷，高水箱蹲便器，成组安装	组	4
24	031004006002	大便器	陶瓷，坐便器，成组安装	组	4
25	031004008001	其他成品卫生器具	陶瓷，拖布池，成组安装	组	8
26	031004010001	淋浴器	塑料管熔接淋浴器，冷水手动开关，成套安装	套	4
27	031004014001	给排水附件	塑料地漏，DN50	个	6
28	031004014002	给排水附件	铸铁地漏，DN50	个	18
29	030413003001	凿洞	排水管出户套管，机械钻孔（砖墙），DN150	个	4
30	030413003002	凿洞	给水管进户穿墙，机械钻孔（砖墙），DN32以内	个	15
31	031201004001	铸铁管刷油	除轻锈，刷沥青漆两遍	m²	13.04

三、工程量清单计价

1. 投标总价封面及扉页

<u>　　某住宅楼给排水安装　　</u>工程

投 标 总 价

投　标　人：<u>　　　　　　×××　　</u>

（单位盖章）

××××年××月××日

投 标 总 价

招　标　人：_____×× _____

工　程　名　称：__某住宅楼给排水安装工程__

投标总价(小写)：49813.60
　　　　　　(大写)：肆万玖仟捌佰壹拾叁元陆角整

投　标　人：_____×× _____
（单位盖章）

法 定 代 表 人
或 其 授 权 人：_____×× _____
　　　　　　　　　　　（签字或盖章）

编　制　人：_____×× _____
　　　　　　　　（造价人员签字盖专用章）

编　制　时　间：　××××年××月××日

2. 总说明

总 说 明

工程名称：某住宅楼给排水安装工程   第 1 页   共 1 页

(1) 工程概况：建设面积 545.28 平方米，砖混结构，四层住宅楼；总计划工期为 180 天；施工现场达到三通一平；本项目位于旅游路以南，彩龙路以西。

(2) 工程招标和分包范围：本项目招标范围为设计图纸中给排水安装工程全部内容；无分包项目。

(3) 工程量清单编制依据："13 计价规范""13 计算规范"、2016 年《山东省安装工程消耗量定额》等。

(4) 工程质量：合格；材料乙供。

(5) 管理费、利润参照 2016 年《费用项目组成》的民用安装工程，管理费率选用 55%，利润率选用 32%。人工单价根据鲁建标字〔2016〕39 号文件发布为 103 元/工日。规费、税金为不可竞争费，费率按规定费率执行。主要材料价格参考表 1-1 计算，数量参考 2016 年《山东省安装工程消耗量定额》计算。单价中人、材、机费用参考 2017 年《山东省安装工程价目表》。

3. 单位工程投标报价汇总表［见表 1-9（A）］

表 1-9（A）

单位工程投标报价汇总表

工程名称：某住宅楼给排水安装工程   标段：   第 1 页　共 1 页

序号	汇总内容	金额（元）	其中：暂估价（元）
一	分部分项工程费	44123.99	25973.97
二	措施项目费	1036.43	
1	单价措施项目费		
2	总价措施项目费	1036.43	
①	夜间施工费	173.56	
②	二次搬运费	145.79	
③	冬雨季施工增加费	194.39	
④	已完工程及设备保护费	83.31	
⑤	脚手架搭拆费	347.12	
三	其他项目费		
1	暂列金额		
2	专业工程暂估价		
3	计日工		
4	总承包服务费		
四	规费	3233.49	
1	安全文明施工费	2248.99	
①	环境保护费	130.97	
②	文明施工费	266.45	
③	临时设施费	794.82	
④	安全施工费	1056.75	
2	工程排污费	126.45	
3	社会保障费	686.44	
4	住房公积金	99.35	
5	建设项目工伤保险	72.26	
五	税金	5323.33	
	投标报价合计＝一＋二＋三＋四＋五	53717.22	25973.97

4. 分部分项工程和单价措施项目清单计价表 [见表 1-10（A）]

表 1-10（A）   分部分项工程和单价措施项目清单计价表

工程名称：某住宅楼给排水安装工程

序号	项目编码	项目名称	项目特征描述	计量单位	工程量	金额（元）			
						综合单价	合价	其中：人工费	其中：暂估价
1	031001005001	铸铁管	室内排水工程，铸铁管 DN150，承插连接，水泥接口，灌水试验通水试验	m	14.7	177.74	2612.84	585.02	989.60
2	031001005002	铸铁管	室内排水工程，铸铁管 DN100，承插连接，水泥接口，灌水试验通水试验	m	3.3	170.15	561.51	116.78	230.80
3	031001005003	铸铁管	室内排水工程，铸铁管 DN75，承插连接，水泥接口，灌水试验通水试验	m	5	122.96	614.82	136.60	228.00
4	031001005004	铸铁管	室内排水工程，铸铁管 DN50，承插连接，水泥接口，灌水试验通水试验	m	3.6	91.97	331.10	78.95	106.27
5	031001006001	塑料管	室内给水工程，PPR 管 De40，热熔连接，水压试验和消毒冲洗，管卡固定	m	2.7	53.66	144.88	38.67	33.92
6	031001006002	塑料管	室内给水工程，PPR 管 De32，热熔连接，水压试验和消毒冲洗，管卡固定，混凝土楼板预留孔洞	m	10.3	67.50	695.26	228.15	115.73
7	031001006003	塑料管	室内给水工程，PPR 管 De25，热熔连接，水压试验和消毒冲洗，管卡固定，混凝土楼板预留孔洞	m	12	80.58	966.96	342.28	130.67
8	031001006004	塑料管	室内给水工程，PPR 管 De20，热熔连接，水压试验和消毒冲洗，管卡固定，混凝土楼板预留孔洞	m	80.8	46.00	3716.51	1126.61	684.92
9	031001006005	塑料管	室内排水工程，UPVC 管 De110，粘结连接，灌水试验通水试验，管卡固定，混凝土楼板预留孔洞，水泥填充恢复	m	33.5	115.64	3873.90	875.88	1945.82
10	031001006006	塑料管	室内排水工程，UPVC 管 De75，粘结连接，灌水试验通水试验，管卡固定，混凝土楼板预留孔洞，水泥填充恢复	m	21	84.69	1778.52	415.66	961.28
11	031001006007	塑料管	室内排水工程，UPVC 管 De50，粘结连接，灌水试验通水试验，管卡固定，混凝土楼板预留孔洞，水泥填充恢复	m	30.4	93.31	2836.61	787.43	990.63

续表

序号	项目编码	项目名称	项目特征描述	计量单位	工程量	金额（元）			
						综合单价	合价	其中：人工费	其中：暂估价
12	031002003001	套管	钢套管，室内排水工程，介质规格 DN150（套管规格 D219×5）	个	4	157.40	629.60	234.44	76.32
13	031002003002	套管	钢套管，室内给水工程，介质规格 DN32（套管规格 DN50）	个	1	39.73	39.73	14.21	6.36
14	031002003003	套管	钢套管，室内给水工程，介质规格 DN25（套管规格 DN32）	个	2	38.14	76.29	28.42	9.54
15	031002003004	套管	钢套管，室内给水工程，介质规格 DN20（套管规格 DN25）	个	4	22.71	90.83	35.04	15.26
16	031002003005	套管	钢套管，室内给水工程，介质规格 DN15（套管规格 DN20）	个	14	22.07	309.00	122.64	44.52
17	031003005001	塑料阀门	DN25，承口热熔连接	个	2	52.10	104.19	12.36	80.80
18	031003005002	塑料阀门	DN15，承口热熔连接	个	8	27.99	223.96	32.96	161.60
19	031003013001	水表	室内，普通水表，DN15，螺纹连接	个	8	76.79	614.32	79.10	400.00
20	031004001001	搪瓷浴盆	搪瓷浴盆，成组安装	组	4	1688.81	6755.22	322.18	6060.00
21	031004003001	洗脸盆	陶瓷，立柱式洗脸盆，成组安装	组	4	599.00	2396.00	156.64	2020.00
22	031004004001	洗涤盆	不锈钢材质，双池，长颈冷水嘴，成组安装	组	8	372.62	2980.93	263.68	2424.00
23	031004006001	大便器	陶瓷，高水箱蹲便器，成组安装	组	4	454.45	1817.79	327.54	1010.00
24	031004006002	大便器	陶瓷，坐便器，成组安装	组	4	1205.93	4823.72	317.74	4040.00
25	031004008001	其他成品卫生器具	陶瓷，拖布池，成组安装	组	8	175.04	1400.31	263.68	808.00
26	031004010001	淋浴器	塑料管熔接淋浴器，冷水手动开关，成套安装	套	4	352.61	1410.45	86.93	1212.00
27	031004014001	给排水附件	塑料地漏，DN50	个	6	63.14	378.87	72.49	242.40
28	031004014002	给排水附件	铸铁地漏，DN50	个	18	77.70	1398.63	261.04	909.00
29	030413003001	凿洞	排水管出户套管，机械钻孔（砖墙），DN150	个	4	38.34	153.36	78.77	0.00
30	030413003002	凿洞	给水管进户穿墙，机械钻孔（砖墙），DN32 以内	个	15	17.04	255.54	130.40	0.00
31	031201004001	铸铁管刷油	除轻锈，刷沥青漆两遍	m²	13.04	10.15	132.35	48.48	36.53
	合 计					44123.99		7620.78	25973.97

5. 工程量清单综合计价分析表 ［表1-11 (A) ～表1-42 (A)］

表1-11 (A)　　　　　　　　　　　　　　　　　　**工程量清单综合单价分析表**

工程名称：某住宅楼给排水安装工程　　　　　　　　标段：　　　　　　　　　　　　　　　　　第1页　共31页

项目编码		031001005001		项目名称			铸铁管		计量单位		m

清单综合单价组成明细

定额编号	定额名称	定额单位	数量	单　价					合　价				
				人工费	材料费	机械费	管理费	利润	人工费	材料费	机械费	管理费	利润
10-1-224	铸铁排水管 水泥接口 DN150	10m	1.47	397.97	330.32	29.72	218.88	127.35	585.02	485.57	43.69	321.76	187.21
人工单价			小　计						585.02	485.57	43.69	321.76	187.21
103元/工日			未计价材料费						989.60				
			清单项目综合单价						177.74				

材料费明细	主要材料名称、规格、型号	单位	数量	单价（元）	合价（元）	暂估单价（元）	暂估合价（元）
	铸铁排水管 DN150	m	13.89			50	694.58
	铸铁排水管 DN150 管件	个	6.56			45	295.03
	其他材料费						
	材料费小计						989.60

注　1. 单价中人、材、机费用参考2017年《山东省安装工程价目表》；管理费、利润参照2016年《费用项目组成》的民用安装工程，单价中管理费＝人工费×自选管理费率，即：218.88＝397.97×
55%，利润＝人工费×自选利润率，即：127.35＝397.97×32%。

　　2. 人工单价：根据鲁建标字〔2016〕39号文件发布为103元/工日。

　　3. 主要材料数量根据清单数量乘以定额损耗：铸铁排水管DN150，13.89＝1.47×9.45；铸铁排水管DN150管件，6.56＝1.47×4.46。暂估单价参考表1-1。

　　4. 清单项目综合单价：177.74＝（585.02＋485.57＋43.69＋321.76＋187.21＋989.60）/14.7。

表 1 - 12 （A） 　　　　　　　　　　　　　　　**工程量清单综合单价分析表**

工程名称：某住宅楼给排水安装工程　　　　　　　标段：　　　　　　　　　　　第2页　共31页

项目编码		031001005002		项目名称			铸铁管			计量单位			m
清单综合单价组成明细													
定额编号	定额名称	定额单位	数量	单价					合价				
				人工费	材料费	机械费	管理费	利润	人工费	材料费	机械费	管理费	利润
10-1-223	铸铁排水管水泥接口 DN100	10m	0.33	353.89	311.47	28.89	194.64	113.24	116.78	102.79	9.53	64.23	37.37
人工单价		小　计							116.78	102.79	9.53	64.23	37.37
103 元/工日		未计价材料费							230.80				
		清单项目综合单价							170.15				

材料费明细	主要材料名称、规格、型号	单位	数量	单价（元）	合价（元）	暂估单价（元）	暂估合价（元）
	铸铁排水管 DN100	m	2.99			40	119.46
	铸铁排水管 DN100 管件	个	3.18			35	111.34
	其他材料费						
	材料费小计						230.80

表 1 - 13 （A） 　　　　　　　　　　　　　　　**工程量清单综合单价分析表**

工程名称：某住宅楼给排水安装工程　　　　　　　标段：　　　　　　　　　　　第3页　共31页

项目编码		031001005003		项目名称			铸铁管			计量单位			米
清单综合单价组成明细													
定额编号	定额名称	定额单位	数量	单价					合价				
				人工费	材料费	机械费	管理费	利润	人工费	材料费	机械费	管理费	利润
10-1-222	铸铁排水管水泥接口 DN75	10m	0.5	273.19	241.33	21.44	150.25	87.42	136.60	120.67	10.72	75.13	43.71
人工单价		小　计							136.60	120.67	10.72	75.13	43.71
103 元/工日		未计价材料费							228.00				
		清单项目综合单价							122.96				

材料费明细	主要材料名称、规格、型号	单位	数量	单价（元）	合价（元）	暂估单价（元）	暂估合价（元）
	铸铁排水管 DN75	m	4.78			30	143.25
	铸铁排水管 DN75 管件	个	3.39			25	84.75
	其他材料费						
	材料费小计						228.00

表 1 - 14（A） 　　　　　　　　　　　　　　**工程量清单综合单价分析表**

工程名称：某住宅楼给排水安装工程　　　　　　　　标段：　　　　　　　　　　第 4 页　共 31 页

项目编码	031001005004		项目名称			铸铁管		计量单位		米

清 单 综 合 单 价 组 成 明 细

定额编号	定额名称	定额单位	数量	单 价					合 价				
				人工费	材料费	机械费	管理费	利润	人工费	材料费	机械费	管理费	利润
10-1-221	铸铁排水管水泥接口 DN50	10m	0.36	219.31	201.67	12.75	120.62	70.18	78.95	72.60	4.59	43.42	25.26
人工单价		小 计							78.95	72.60	4.59	43.42	25.26
103 元/工日		未计价材料费							106.27				
清单项目综合单价									91.97				

材料费明细	主要材料名称、规格、型号		单位	数量	单价（元）	合价（元）	暂估单价（元）	暂估合价（元）
	铸铁排水管 DN50		m	3.52			20	70.42
	铸铁排水管 DN50 管件		个	2.39			15	35.86
	其他材料费							
	材料费小计							106.27

表 1 - 15（A） 　　　　　　　　　　　　　　**工程量清单综合单价分析表**

工程名称：某住宅楼给排水安装工程　　　　　　　　标段：　　　　　　　　　　第 5 页　共 31 页

项目编码	031001006001		项目名称			塑料管		计量单位		米

清 单 综 合 单 价 组 成 明 细

定额编号	定额名称	定额单位	数量	单 价					合 价				
				人工费	材料费	机械费	管理费	利润	人工费	材料费	机械费	管理费	利润
10-1-326	PPR 管热熔连接 De40（DN32）	10m	0.27	143.24	140.9	2.2	78.78	45.84	38.67	38.04	0.59	21.27	12.38
10-11-139	管道消毒冲洗 DN32	100m	0.027	47.38	2.51		26.06	15.16	1.28	0.07	0.00	0.70	0.41
人工单价		小 计							38.67	38.04	0.59	21.27	12.38
103 元/工日		未计价材料费							33.92				
清单项目综合单价									53.66				

材料费明细	主要材料名称、规格、型号		单位	数量	单价（元）	合价（元）	暂估单价（元）	暂估合价（元）
	PPR 管 De40（DN32）		m	2.74			8	21.95
	PPR 管件 De40（DN32）		个	2.39			5	11.97
	其他材料费							
	材料费小计							33.92

注　主要材料数量根据清单数量乘以定额损耗：PPR 管 De40，2.74＝0.27×10.16；PPR 管件 De40，2.39＝0.27×8.87。

表 1-16（A）　　　　　　　　　　　　　　　工程量清单综合单价分析表

工程名称：某住宅楼给排水安装工程　　　　　　　　　标段：　　　　　　　　　　　　　　　第 6 页　共 31 页

项目编码	031001006002	项目名称			塑料管		计量单位		m	

清单综合单价组成明细

定额编号	定额名称	定额单位	数量	单价					合价				
				人工费	材料费	机械费	管理费	利润	人工费	材料费	机械费	管理费	利润
10-1-325	PPR管热熔连接 De32（DN25）	10m	1.03	127.3	125.35	1.83	70.02	40.74	131.12	129.11	1.88	72.12	41.96
10-11-12	管卡 DN25	个	2	1.62	1.24	0.38	0.89	0.52	3.24	2.48	0.76	1.78	1.04
10-11-177	楼板预留孔洞 DN25	个	2	44.29	8.6	0.56	24.36	14.17	88.58	17.20	1.12	48.72	28.35
10-11-138	管道消毒冲洗 DN25	100m	0.103	50.57	3.31		27.81	16.18	5.21	0.34	0.00	2.86	1.67
人工单价			小　计						228.15	149.13	3.76	125.48	73.01
103元/工日			未计价材料费						115.73				
			清单项目综合单价						67.50				

材料费明细	主要材料名称、规格、型号	单位	数量	单价（元）	合价（元）	暂估单价（元）	暂估合价（元）
	PPR管 De32（DN25）	米	10.46			6	62.79
	PPR管件 De32（DN25）	个	11.13			4	44.54
	管卡 DN25	个	2.10			4	8.40
	其他材料费						
	材料费小计						115.73

注　管卡数量根据《安装工程消耗量定额》附录五相关内容计算。

表 1-17（A）　　　　　　　　　　　　　　**工程量清单综合单价分析表**

工程名称：某住宅楼给排水安装工程　　　　　　　　　　　　标段：　　　　　　　　　　　　第 7 页　共 31 页

项目编码	031001006003		项目名称			塑料管		计量单位			m

清单综合单价组成明细

定额编号	定额名称	定额单位	数量	单　价					合　价				
				人工费	材料费	机械费	管理费	利润	人工费	材料费	机械费	管理费	利润
10-1-324	PPR管热熔连接 De25（DN20）	10m	1.2	117.76	116.08	1.56	64.77	37.68	141.31	139.30	1.87	77.72	45.22
10-11-11	管卡 DN20	个	12	1.51	1.13	0.38	0.83	0.48	18.12	13.56	4.56	9.97	5.80
10-11-177	楼板预留孔洞 DN20	个	4	44.29	8.6	0.56	24.36	14.17	177.16	34.40	2.24	97.44	56.69
10-11-137	管道消毒冲洗 DN20	100m	0.12	47.38	2.51		26.06	15.16	5.69	0.30	0.00	3.13	1.82
人工单价			小　计						342.28	187.56	8.67	188.25	109.53
103元/工日			未计价材料费						130.67				
			清单项目综合单价						80.58				

材料费明细	主要材料名称、规格、型号		单位	数量	单价（元）	合价（元）	暂估单价（元）	暂估合价（元）
	PPR管 De25（DN20）		米	12.19			4	48.77
	PPR管件 De25（DN20）		个	14.70			3	44.10
	管卡 DN20		个	12.60			3	37.80
	其他材料费							
	材料费小计							130.67

表 1-18（A）　　　　　　　　　　　　　　　**工程量清单综合单价分析表**

工程名称：某住宅楼给排水安装工程　　　　　　　　标段：　　　　　　　　　　　　　　第 8 页　共 31 页

项目编码		031001006004		项目名称		塑料管			计量单位		m

清 单 综 合 单 价 组 成 明 细

定额编号	定额名称	定额单位	数量	单　价					合　价				
				人工费	材料费	机械费	管理费	利润	人工费	材料费	机械费	管理费	利润
10-1-323	PPR 管热熔连接 De20（DN15）	10m	8.08	106.06	104.55	1.39	58.33	33.94	856.96	844.76	11.23	471.33	274.23
10-11-11	管卡 DN15	个	131	1.13	0.38		0.62	0.36	148.03	49.78	0.00	81.42	47.37
10-11-177	楼板预留孔洞 DN15	个	2	44.29	8.6	0.56	24.36	14.17	88.58	17.20	1.12	48.72	28.35
10-11-136	管道消毒冲洗 DN15	100m	0.81	40.89	0.9		22.49	13.08	33.04	0.73	0.00	18.17	10.57
人工单价		小　计							1126.61	912.47	12.35	619.64	360.52
103 元/工日		未计价材料费							684.92				
		清单项目综合单价							46.00				

	主要材料名称、规格、型号			单位		数量	单价（元）	合价（元）	暂估单价（元）	暂估合价（元）
材料费明细	PPR 管 De20（DN15）			米		82.09			2	164.19
	PPR 管件 De20（DN15）			个		122.82			2	245.63
	管卡 DN15			个		137.55			2	275.10
	其他材料费									
	材料费小计									684.92

表 1 - 19（A）　　　　　　　　　　　　　　　**工程量清单综合单价分析表**

工程名称：某住宅楼给排水安装工程　　　　　　　标段：　　　　　　　　　　　　　　　第 9 页　共 31 页

| 项目编码 | | 031001006005 | | | 项目名称 | | | | 塑料管 | | | 计量单位 | | m |

清单综合单价组成明细

定额编号	定额名称	定额单位	数量	单　价					合　价				
				人工费	材料费	机械费	管理费	利润	人工费	材料费	机械费	管理费	利润
10-1-367	UPVC 管粘结连接 De110（DN100）	10m	3.35	192.61	6.3	0.07	105.94	61.64	645.24	21.11	0.23	354.88	206.48
10-11-16	管卡 DN100	个	28	1.96	0.94		1.08	0.63	54.88	26.32	0.00	30.18	17.56
10-11-180	楼板预留孔洞 DN100	10个	1.8	60.77	19.58	0.97	33.42	19.45	109.39	35.24	1.75	60.16	35.00
10-11-202	堵洞 DN100	10个	1.8	36.87	114.19		20.28	11.80	66.37	205.54	0.00	36.50	21.24
人工单价			小　计						875.88	288.21	1.98	481.73	280.28
103 元/工日			未计价材料费						1945.82				
			清单项目综合单价						115.64				

	主要材料名称、规格、型号		单位	数量	单价（元）	合价（元）	暂估单价（元）	暂估合价（元）
材料费明细	UPVC 管 De110		米	31.83			30	954.75
	UPVC 管件 De110		个	38.73			18	697.07
	管卡 DN100		个	29.40			10	294.00
	其他材料费							
	材料费小计							1945.82

表 1-20（A） 工程量清单综合单价分析表

工程名称：某住宅楼给排水安装工程　　　　　标段：　　　　　第 10 页 共 31 页

项目编码			031001006006		项目名称		塑料管		计量单位		m

清 单 综 合 单 价 组 成 明 细

定额编号	定额名称	定额单位	数量	单 价					合 价				
				人工费	材料费	机械费	管理费	利润	人工费	材料费	机械费	管理费	利润
10-1-366	UPVC 管 粘结连接 De75（DN75）	10m	2.1	172.83	4.11	0.04	95.06	55.31	362.94	8.63	0.08	199.62	116.14
10-11-15	管卡 DN80	个	20	1.75	0.45		0.96	0.56	35.00	9.00	0.00	19.25	11.20
10-11-179	楼板预留孔洞 DN75	10个	0.2	56.65	12.01	0.97	31.16	18.13	11.33	2.40	0.19	6.23	3.63
10-11-201	堵洞 DN75	10个	0.2	31.93	98.26		17.56	10.22	6.39	19.65	0.00	3.51	2.04
人工单价		小　计							415.66	39.69	0.28	228.61	133.01
103 元/工日		未计价材料费							961.28				
		清单项目综合单价							84.69				

材料费明细	主要材料名称、规格、型号	单位	数量	单价（元）	合价（元）	暂估单价（元）	暂估合价（元）
	UPVC 管 De75	米	20.58			25.00	514.50
	UPVC 管件 De75	个	18.59			15.00	278.78
	管卡 DN80	个	21.00			8.00	168.00
	其他材料费						
	材料费小计						961.28

表 1 - 21（A） 工程量清单综合单价分析表

工程名称：某住宅楼给排水安装工程　　　　　　　　　　　标段：　　　　　　　　　　　　　　　　　　　第 11 页　共 31 页

| 项目编码 | | 031001006007 | | 项目名称 | | | | 塑料管 | | 计量单位 | | m |

清单综合单价组成明细

定额编号	定额名称	定额单位	数量	单 价					合 价				
				人工费	材料费		管理费	利润	人工费	材料费	机械费	管理费	利润
10-1-365	UPVC 管粘结连接 De50（DN50）	10m	3.04	129.06	2.27	0.04	70.98	41.30	392.34	6.90	0.12	215.79	125.55
10-11-14	管卡 DN50	个	38	1.55	0.42		0.85	0.50	58.90	15.96	0.00	32.40	18.85
10-11-177	楼板预留孔洞 DN50	10 个	4.8	44.29	8.6	0.97	24.36	14.17	212.59	41.28	4.66	116.93	68.03
10-11-199	堵洞 DN50	10 个	4.8	25.75	63.45		14.16	8.24	123.60	304.56	0.00	67.98	39.55
人工单价			小　计						787.43	368.70	4.78	433.09	251.98
103 元/工日			未计价材料费						990.63				
			清单项目综合单价						93.31				

材料费明细	主要材料名称、规格、型号	单位	数量	单价（元）	合价（元）	暂估单价（元）	暂估合价（元）
	UPVC 管 De50	米	30.76			15	461.47
	UPVC 管件 De50	个	20.98			10	209.76
	管卡 DN50	个	39.90			6	239.40
	UPVC 透气帽 De50	个	4.00			20	80.00
	其他材料费						
	材料费小计						990.63

表 1 - 22 （A）

工程量清单综合单价分析表

工程名称：某住宅楼给排水安装工程　　　　　　　　　标段：　　　　　　　　　　　　　　　　第 12 页　共 31 页

项目编码		031002003001		项目名称			套管		计量单位		个

清 单 综 合 单 价 组 成 明 细

定额编号	定额名称	定额单位	数量	单　价					合　价				
				人工费	材料费	机械费	管理费	利润	人工费	材料费	机械费	管理费	利润
10 - 11 - 32	钢套管 DN150	个	4	58.61	27.4	1.32	32.24	18.76	234.44	109.60	5.28	128.94	75.02
人工单价				小　计					234.44	109.60	5.28	128.94	75.02
103 元/工日				未计价材料费					76.32				
清单项目综合单价									157.40				

材料费明细	主要材料名称、规格、型号			单位		数量		单价（元）	合价（元）	暂估单价（元）	暂估合价（元）
	无缝钢管 D219×6			米		1.27				60	76.32
	其他材料费										
	材料费小计										76.32

表 1 - 23 （A）

工程量清单综合单价分析表

工程名称：某住宅楼给排水安装工程　　　　　　　　　标段：　　　　　　　　　　　　　　　　第 13 页　共 31 页

项目编码		031002003002		项目名称			套管		计量单位		个

清 单 综 合 单 价 组 成 明 细

定额编号	定额名称	定额单位	数量	单　价					合　价				
				人工费	材料费	机械费	管理费	利润	人工费	材料费	机械费	管理费	利润
10 - 11 - 26	钢套管 DN32	个	1	14.21	6.01	0.79	7.82	4.55	14.21	6.01	0.79	7.82	4.55
人工单价				小　计					14.21	6.01	0.79	7.82	4.55
103 元/工日				未计价材料费					6.36				
清单项目综合单价									39.73				

材料费明细	主要材料名称、规格、型号			单位		数量		单价（元）	合价（元）	暂估单价（元）	暂估合价（元）
	焊接钢管 DN50			米		0.32				20	6.36
	其他材料费										
	材料费小计										6.36

表 1 - 24（A） 　　　　　　　　　　　　　**工程量清单综合单价分析表**

工程名称：某住宅楼给排水安装工程　　　　　　　　　　　标段：　　　　　　　　　　　　　　　　　　第 14 页　共 31 页

项目编码	031002003003			项目名称			套管			计量单位		个

清 单 综 合 单 价 组 成 明 细

定额编号	定额名称	定额单位	数量	单　价					合　价				
				人工费	材料费	机械费	管理费	利润	人工费	材料费	机械费	管理费	利润
10 - 11 - 26	钢套管 DN25	个	2	14.21	6.01	0.79	7.82	4.55	28.42	12.02	1.58	15.63	9.09
人工单价			小　计						28.42	12.02	1.58	15.63	9.09
103 元/工日			未计价材料费						9.54				
清单项目综合单价									38.14				

材料费明细	主要材料名称、规格、型号			单位	数量	单价（元）	合价（元）	暂估单价（元）	暂估合价（元）
	焊接钢管 DN32			米	0.64			15	9.54
	其他材料费								
	材料费小计								9.54

表 1 - 25（A） 　　　　　　　　　　　　　**工程量清单综合单价分析表**

工程名称：某住宅楼给排水安装工程　　　　　　　　　　　标段：　　　　　　　　　　　　　　　　　　第 15 页　共 31 页

项目编码	031002003004			项目名称			套管			计量单位		个

清 单 综 合 单 价 组 成 明 细

定额编号	定额名称	定额单位	数量	单　价					合　价				
				人工费	材料费	机械费	管理费	利润	人工费	材料费	机械费	管理费	利润
10 - 11 - 25	钢套管 DN20	个	4	8.76	1.86	0.65	4.82	2.80	35.04	7.44	2.60	19.27	11.21
人工单价			小　计						35.04	7.44	2.60	19.27	11.21
103 元/工日			未计价材料费						15.26				
清单项目综合单价									22.71				

材料费明细	主要材料名称、规格、型号			单位	数量	单价（元）	合价（元）	暂估单价（元）	暂估合价（元）
	焊接钢管 DN25			米	1.27			12	15.26
	其他材料费								
	材料费小计								15.26

表 1 - 26（A）　　　　　　　　　　　　　　　**工程量清单综合单价分析表**

工程名称：某住宅楼给排水安装工程　　　　　　　标段：　　　　　　　　　　　　　　第 16 页　共 31 页

项目编码	031002003005		项目名称		套管			计量单位		个

清单综合单价组成明细

定额编号	定额名称	定额单位	数量	单价					合价				
				人工费	材料费	机械费	管理费	利润	人工费	材料费	机械费	管理费	利润
10 - 11 - 25	钢套管 DN15	个	14	8.76	1.86	0.65	4.82	2.80	122.64	26.04	9.10	67.45	39.24
人工单价		小　计							122.64	26.04	9.10	67.45	39.24
103 元/工日		未计价材料费							44.52				
		清单项目综合单价							22.07				

材料费明细	主要材料名称、规格、型号		单位		数量		单价（元）	合价（元）	暂估单价（元）	暂估合价（元）
	焊接钢管 DN20		米		4.45				10	44.52
	其他材料费									
	材料费小计									44.52

表 1 - 27（A）　　　　　　　　　　　　　　　**工程量清单综合单价分析表**

工程名称：某住宅楼给排水安装工程　　　　　　　标段：　　　　　　　　　　　　　　第 17 页　共 31 页

项目编码	031003005001		项目名称		塑料阀门			计量单位		个

清单综合单价组成明细

定额编号	定额名称	定额单位	数量	单价					合价				
				人工费	材料费	机械费	管理费	利润	人工费	材料费	机械费	管理费	利润
10 - 5 - 94	塑料阀门 DN25	个	2	6.18	0.14		3.40	1.98	12.36	0.28	0.00	6.80	3.96
人工单价		小　计							12.36	0.28	0.00	6.80	3.96
103 元/工日		未计价材料费							80.80				
		清单项目综合单价							52.10				

材料费明细	主要材料名称、规格、型号		单位		数量		单价（元）	合价（元）	暂估单价（元）	暂估合价（元）
	塑料阀门 DN25		个		2.02				40	80.80
	其他材料费									
	材料费小计									80.80

表 1-28（A）

工程量清单综合单价分析表

工程名称：某住宅楼给排水安装工程   标段：   第 18 页 共 31 页

项目编码		031003005002		项目名称			塑料阀门			计量单位		个
清 单 综 合 单 价 组 成 明 细												
定额编号	定额名称	定额单位	数量	单 价					合 价				
				人工费	材料费	机械费	管理费	利润	人工费	材料费	机械费	管理费	利润
10-5-92	塑料阀门 DN15	个	8	4.12	0.09		2.27	1.32	32.96	0.72	0.00	18.13	10.55
人工单价		小 计							32.96	0.72	0.00	18.13	10.55
103 元/工日		未计价材料费							161.60				
清单项目综合单价									27.99				
材料费明细	主要材料名称、规格、型号				单位		数量		单价（元）	合价（元）	暂估单价（元）	暂估合价（元）	
	塑料阀门 DN15				个		8.08				20	161.60	
	其他材料费												
	材料费小计											161.60	

表 1-29（A）

工程量清单综合单价分析表

工程名称：某住宅楼给排水安装工程   标段：   第 19 页 共 31 页

项目编码		031003013001		项目名称			水表			计量单位		个
清 单 综 合 单 价 组 成 明 细												
定额编号	定额名称	定额单位	数量	单 价					合 价				
				人工费	材料费	机械费	管理费	利润	人工费	材料费	机械费	管理费	利润
10-5-287 （人工*0.6）	普通水表 DN15	个	8	9.89	8.16	0.14	5.44	3.16	79.10	65.28	1.12	43.51	25.31
人工单价		小 计							79.10	65.28	1.12	43.51	25.31
103 元/工日		未计价材料费							400.00				
清单项目综合单价									76.79				
材料费明细	主要材料名称、规格、型号				单位		数量		单价（元）	合价（元）	暂估单价（元）	暂估合价（元）	
	普通水表 DN15				个		8.00				50	400.00	
	其他材料费												
	材料费小计											400.00	

表 1 - 30 （A）　　　　　　　　　　　　　　　　　　　　**工程量清单综合单价分析表**

工程名称：某住宅楼给排水安装工程　　　　　　　　　标段：　　　　　　　　　　　　　　　　第 20 页　共 31 页

项目编码		031004001001		项目名称			搪瓷浴盆				计量单位		组
清 单 综 合 单 价 组 成 明 细													
定额编号	定额名称	定额单位	数量	单　价					合　价					
				人工费	材料费	机械费	管理费	利润	人工费	材料费	机械费	管理费	利润
10 - 6 - 1	搪瓷浴盆	10 组	0.4	805.46	231.85		443.00	257.75	322.18	92.74	0.00	177.20	103.10
人工单价			小　计						322.18	92.74	0.00	177.20	103.10
103 元/工日			未计价材料费						6060.00				
清单项目综合单价									1688.81				
材料费明细	主要材料名称、规格、型号				单位		数量		单价（元）	合价（元）	暂估单价（元）		暂估合价（元）
	搪瓷浴盆				组		4.04				1500		6060.00
	其他材料费												
	材料费小计												6060.00

表 1 - 31 （A）　　　　　　　　　　　　　　　　　　　　**工程量清单综合单价分析表**

工程名称：某住宅楼给排水安装工程　　　　　　　　　标段：　　　　　　　　　　　　　　　　第 21 页　共 31 页

项目编码		031004003001		项目名称			洗脸盆				计量单位		组
清 单 综 合 单 价 组 成 明 细													
定额编号	定额名称	定额单位	数量	单　价					合　价					
				人工费	材料费	机械费	管理费	利润	人工费	材料费	机械费	管理费	利润
10 - 6 - 18	立柱式洗脸盆	10 组	0.4	391.61	207.68		215.39	125.32	156.64	83.07	0.00	86.15	50.13
人工单价			小　计						156.64	83.07	0.00	86.15	50.13
103 元/工日			未计价材料费						2020.00				
清单项目综合单价									599.00				
材料费明细	主要材料名称、规格、型号				单位		数量		单价（元）	合价（元）	暂估单价（元）		暂估合价（元）
	立柱式洗脸盆				组		4.04				500		2020.00
	其他材料费												
	材料费小计												2020.00

表 1 - 32 （A）

工程量清单综合单价分析表

工程名称：某住宅楼给排水安装工程　　　　　　　　　　　标段：　　　　　　　　　　　　　　　　　　　第 22 页　共 31 页

项目编码	031004004001		项目名称			洗涤盆			计量单位		组

清 单 综 合 单 价 组 成 明 细

定额编号	定额名称	定额单位	数量	单　价					合　价				
				人工费	材料费	机械费	管理费	利润	人工费	材料费	机械费	管理费	利润
10 - 6 - 23	洗涤盆	10 组	0.8	329.6	79.81		181.28	105.47	263.68	63.85	0.00	145.02	84.38
人工单价			小　计						263.68	63.85	0.00	145.02	84.38
103 元/工日			未计价材料费						2424.00				
			清单项目综合单价						372.62				
材料费明细	主要材料名称、规格、型号				单位		数量		单价（元）	合价（元）	暂估单价（元）	暂估合价（元）	
	洗菜池				组		8.08				300	2424.00	
	其他材料费												
	材料费小计											2424.00	

表 1 - 33 （A）

工程量清单综合单价分析表

工程名称：某住宅楼给排水安装工程　　　　　　　　　　　标段：　　　　　　　　　　　　　　　　　　　第 23 页　共 31 页

项目编码	031004006001		项目名称			大便器			计量单位		组

清 单 综 合 单 价 组 成 明 细

定额编号	定额名称	定额单位	数量	单　价					合　价				
				人工费	材料费	机械费	管理费	利润	人工费	材料费	机械费	管理费	利润
10 - 6 - 33	高水箱蹲便器	10 组	0.4	818.85	488.22		450.37	262.03	327.54	195.29	0.00	180.15	104.81
人工单价			小　计						327.54	195.29	0.00	180.15	104.81
103 元/工日			未计价材料费						1010.00				
			清单项目综合单价						454.45				
材料费明细	主要材料名称、规格、型号				单位		数量		单价（元）	合价（元）	暂估单价（元）	暂估合价（元）	
	高水箱蹲便器				组		4.04				250	1010.00	
	其他材料费												
	材料费小计											1010.00	

表 1 - 34（A） 　　　　　　　　　　　　　　　**工程量清单综合单价分析表**

工程名称：某住宅楼给排水安装工程 　　　　　　　　标段： 　　　　　　　　　　第24页　共31页

项目编码		031004006002		项目名称		大便器				计量单位		组

清 单 综 合 单 价 组 成 明 细

定额编号	定额名称	定额单位	数量	单　价					合　价				
				人工费	材料费	机械费	管理费	利润	人工费	材料费	机械费	管理费	利润
10 - 6 - 34	坐便器	10 组	0.4	794.34	473.88		436.89	254.19	317.74	189.55	0.00	174.75	101.68
人工单价			小　计						317.74	189.55	0.00	174.75	101.68
103 元/工日			未计价材料费						4040.00				
			清单项目综合单价						1205.93				

材料费明细	主要材料名称、规格、型号		单位	数量	单价（元）	合价（元）	暂估单价（元）	暂估合价（元）
	坐便器		组	4.04			1000	4040.00
	其他材料费							
	材料费小计							4040.00

表 1 - 35（A） 　　　　　　　　　　　　　　　**工程量清单综合单价分析表**

工程名称：某住宅楼给排水安装工程 　　　　　　　　标段： 　　　　　　　　　　第25页　共31页

项目编码		031004008001		项目名称		其他成品卫生器具				计量单位		组

清 单 综 合 单 价 组 成 明 细

定额编号	定额名称	定额单位	数量	单　价					合　价				
				人工费	材料费	机械费	管理费	利润	人工费	材料费	机械费	管理费	利润
10 - 6 - 49	拖布池	10 套	0.8	329.6	124.04		181.28	105.47	263.68	99.23	0.00	145.02	84.38
人工单价			小　计						263.68	99.23	0.00	145.02	84.38
103 元/工日			未计价材料费						808.00				
			清单项目综合单价						175.04				

材料费明细	主要材料名称、规格、型号		单位	数量	单价（元）	合价（元）	暂估单价（元）	暂估合价（元）
	拖布池		套	8.08			100	808.00
	其他材料费							
	材料费小计							808.00

表 1-36 （A）

工程量清单综合单价分析表

工程名称：某住宅楼给排水安装工程　　　　　　　　标段：　　　　　　　　　第 26 页　共 31 页

| 项目编码 | | 031004010001 | | 项目名称 | | | 淋浴器 | | 计量单位 | | 套 |

清单综合单价组成明细

定额编号	定额名称	定额单位	数量	单价					合价				
				人工费	材料费	机械费	管理费	利润	人工费	材料费	机械费	管理费	利润
10-6-55	成套塑料管熔接淋浴器	10组	0.4	217.33	87.34	2.37	119.53	69.55	86.93	34.94	0.95	47.81	27.82
人工单价			小　计						86.93	34.94	0.95	47.81	27.82
103元/工日			未计价材料费						1212.00				
清单项目综合单价									352.61				

材料费明细	主要材料名称、规格、型号		单位	数量	单价（元）	合价（元）	暂估单价（元）	暂估合价（元）
	成套塑料管熔接淋浴器		套	4.04			300	1212.00
	其他材料费							
	材料费小计							1212.00

表 1-37 （A）

工程量清单综合单价分析表

工程名称：某住宅楼给排水安装工程　　　　　　　　标段：　　　　　　　　　第 27 页　共 31 页

| 项目编码 | | 031004014001 | | 项目名称 | | | 给排水附件 | | 计量单位 | | 个 |

清单综合单价组成明细

定额编号	定额名称	定额单位	数量	单价					合价				
				人工费	材料费	机械费	管理费	利润	人工费	材料费	机械费	管理费	利润
10-6-90	塑料地漏 DN50	10个	0.6	120.82	1.51		66.45	38.66	72.49	0.91	0.00	39.87	23.20
人工单价			小　计						72.49	0.91	0.00	39.87	23.20
103元/工日			未计价材料费						242.40				
清单项目综合单价									63.14				

材料费明细	主要材料名称、规格、型号		单位	数量	单价（元）	合价（元）	暂估单价（元）	暂估合价（元）
	塑料地漏 DN50		个	6.06			40	242.40
	其他材料费							
	材料费小计							242.40

表 1-38（A）   **工程量清单综合单价分析表**

工程名称：某住宅楼给排水安装工程   标段：

项目编码		031004014002		项目名称		给排水附件			计量单位		个

清单综合单价组成明细

定额编号	定额名称	定额单位	数量	单价					合价				
				人工费	材料费	机械费	管理费	利润	人工费	材料费	机械费	管理费	利润
10-6-94	铸铁地漏 DN50	10 个	1.8	145.02	0.83		79.76	46.41	261.04	1.49	0.00	143.57	83.53
人工单价			小 计						261.04	1.49	0.00	143.57	83.53
103 元/工日			未计价材料费						909.00				
			清单项目综合单价						77.70				

材料费明细	主要材料名称、规格、型号			单位	数量	单价（元）	合价（元）	暂估单价（元）	暂估合价（元）
	铸铁地漏 DN50			个	18.18			50	909.00
	其他材料费								
	材料费小计								909.00

表 1-39（A）   **工程量清单综合单价分析表**

工程名称：某住宅楼给排水安装工程   标段：

项目编码		030413003001		项目名称		凿洞			计量单位		个

清单综合单价组成明细

定额编号	定额名称	定额单位	数量	单价					合价				
				人工费	材料费	机械费	管理费	利润	人工费	材料费	机械费	管理费	利润
10-11-176*0.4	机械钻孔（砖墙）150mm	10 个	0.4	196.94	15.13		108.31	63.02	78.77	6.05	0.00	43.33	25.21
人工单价			小 计						78.77	6.05	0.00	43.33	25.21
103 元/工日			未计价材料费						0.00				
			清单项目综合单价						38.34				

材料费明细	主要材料名称、规格、型号			单位	数量	单价（元）	合价（元）	暂估单价（元）	暂估合价（元）
									0.00
	其他材料费								
	材料费小计								0.00

表 1 - 40（A） 　　　　　　　　　　　　　　　　　　　　**工程量清单综合单价分析表**

工程名称：某住宅楼给排水安装工程　　　　　　　标段：　　　　　　　　　　　　　　第 30 页　共 31 页

项目编码		030413003002		项目名称			凿洞				计量单位		个
清单综合单价组成明细													
定额编号	定额名称	定额单位	数量	单价					合价				
				人工费	材料费	机械费	管理费	利润	人工费	材料费	机械费	管理费	利润
10 - 11 - 172×0.4	机械钻孔（砖墙）32mm 以内	10个	1.5	86.93	7.8		47.81	27.82	130.40	11.70	0.00	71.72	41.73
人工单价		小　计							130.40	11.70	0.00	71.72	41.73
103 元/工日		未计价材料费							0.00				
		清单项目综合单价							17.04				
材料费明细	主要材料名称、规格、型号				单位		数量		单价（元）	合价（元）	暂估单价（元）	暂估合价（元）	
												0.00	
	其他材料费												
	材料费小计											0.00	

表 1 - 41（A） 　　　　　　　　　　　　　　　　　　　　**工程量清单综合单价分析表**

工程名称：某住宅楼给排水安装工程　　　　　　　标段：　　　　　　　　　　　　　　第 31 页　共 31 页

项目编码		031201004001		项目名称			铸铁管刷油				计量单位		m²
清单综合单价组成明细													
定额编号	定额名称	定额单位	数量	单价					合价				
				人工费	材料费	机械费	管理费	利润	人工费	材料费	机械费	管理费	利润
12 - 1 - 19	铸铁管除轻锈	10m²	1.3	37.29	3.66		20.51	11.93	48.48	4.76	0.00	26.66	15.51
12 - 2 - 134	铸铁管刷沥青漆一遍	10m²	1.3	33.06	1.39		18.18	10.58	42.98	1.81	0.00	23.64	13.75
12 - 2 - 135	铸铁管刷沥青漆增一遍	10m²	1.3	32.14	1.24		17.68	10.28	41.78	1.61	0.00	22.98	13.37
人工单价		小　计							48.48	4.76	0.00	26.66	15.51
103 元/工日		未计价材料费							36.53				
		清单项目综合单价							10.15				
材料费明细	主要材料名称、规格、型号				单位		数量		单价（元）	合价（元）	暂估单价（元）	暂估合价（元）	
	煤焦油沥青漆				kg		3.74				5	18.72	
	煤焦油沥青漆				kg		3.56				5	17.81	
	其他材料费												
	材料费小计											36.53	

6. 总价措施项目清单计价表［见表1-42（A）］

表1-42（A）　　　　　　　　　　　　　　　**总价措施项目清单计价表**

工程名称：某住宅楼给排水安装工程　　　　　　　　标段：　　　　　　　　　　　　　　　第1页　共1页

序号	项目编码	项目名称	计算基础	费率（%）	金额（元）	调整费率（%）	调整后金额（元）	备注
1	031302002	夜间施工费	7620.78	2.50%	190.52			
2	031302004	二次搬运费	7620.78	2.10%	160.04			
3	031302005	冬雨季施工增加费	7620.78	2.80%	213.38			
4	031302006	已完工程及设备保护费	7620.78	1.20%	91.45			
5	031301017	脚手架搭拆费	7620.78	5.00%	381.04			
		合计			1036.43			

编制人（造价人员）：××　　　　　　　　　　　　复核人（造价工程师）：××

注　计算基础为分部分项工程和单价措施费中人工费。

7. 规费、税金项目计价表［见表1-43（A）］

表1-43（A）　　　　　　　　　　　　　　　**规费、税金项目计价表**

工程名称：某住宅楼给排水安装工程　　　　　　　　标段：　　　　　　　　　　　　　　　第1页　共1页

序号	项目名称	计算基础	计算基数	计算费率（%）	金额（元）
1	规费	1.1+1.2+1.3+1.4+1.5	2248.99+126.45+686.44+99.35+72.26		3233.49
1.1	安全文明施工费	1.1.1+1.1.2+1.1.3+1.1.4	130.97+266.45+794.82+1056.75		2248.99
1.1.1	环境保护费		44123.99+1036.43	0.29	130.97
1.1.2	文明施工费		44123.99+1036.43	0.59	266.45
1.1.3	临时设施费	分部分项和单价措施费+总价措施费+其他项目费	44123.99+1036.43	1.76	794.82
1.1.4	安全施工费		44123.99+1036.43	2.34	1056.75
1.2	工程排污费		44123.99+1036.43	0.28	126.45
1.3	社会保险费		44123.99+1036.43	1.52	686.44
1.4	住房公积金		44123.99+1036.43	0.22	99.35
1.5	建设项目工伤保险		44123.99+1036.43	0.16	72.26
2	税金	分部分项和单价措施费+总价措施费+其他项目费+规费	44123.99+1036.43+3233.49	11	5323.33
	合计				8556.81

编制人（造价人员）：××　　　　　　　　　　　　复核人（造价工程师）：××

【习题二】某住宅楼采暖安装工程定额计价及清单计价案例参考答案

一、定额计价模式确定工程造价

1. 工程量计算 ［见表 2-2 （A）］

表 2-2 （A）

工程量计算书

工程名称：某住宅楼采暖安装工程

序号	项目名称	单位	计算公式	工程数量（地沟）	水平管	立管	支管
1	焊接钢管焊接 DN50	m	(1.5+0.6+11.7+1.2) + (1.5+0.3+0.3+0.9+0.3)	18.3 (5.4)	5.70	12.60	
2	焊接钢管焊接 DN40	m	3.3+3.3	6.6 (3.3)	6.60		
3	焊接钢管丝接 DN32	m	7.1+7.1-0.08+ (11.7-6-0.2-0.5)×2+ (0.3+0.2+3)×2	31.12 (7.62)	14.12	17.00	
4	焊接钢管丝接 DN25	m	3×4+3+3.3	18.3 (3.3)	6.3	12	
5	焊接钢管丝接 DN20	m	5.8×2+6.6×2-0.08+ (11.7+0.3) ×3-0.7×7+0.2+ (1.65-13×0.07/2-0.05) ×6+ (1.65-14×0.07/2-0.05) ×4+ (1.65-11×0.07/2+0.05) ×4	72.59 (13.22)	24.72	31.3	16.57
6	焊接钢管丝接 DN15	m	(2.9-11×0.07) ×8+ (3.45-11×0.07) ×8+ (1.65-13×0.07/2-0.05) ×2+ (1.65-14×0.07/2-0.05) ×4+ (1.65-11×0.07/2+0.05) ×4	50.47	50.47		50.47
7	螺纹阀 DN32	个	2×2	4			
8	螺纹阀 DN20	个	3×2+1+5+7×2	26			
9	螺纹阀 DN15	个	21×2	42			
10	自动排气阀 DN20	个		1			
11	手动放风阀 Φ10	个		28			
12	法兰阀 DN50	个		2			
13	焊接法兰 DN50	副		2			
14	散热器 M132 （16 片以内/组）	组	2+2+2	6			
	其中：散热器 M132 （15 片/组）	组		2			
	散热器 M132 （14 片/组）	组		2			
	散热器 M132 （13 片/组）	组		2			

序号	项目名称	单位	计算公式	工程数量（地沟）	水平管	立管	支管
15	散热器 M132（12 片以内/组）	组	10＋2＋10	22			
	其中：散热器 M132（12 片/组）	组		10			
	散热器 M132（11 片/组）	组		2			
	散热器 M132（10 片/组）	组		10			
16	管道支架制作安装	kg	(1.5＋1.5＋0.3＋0.3＋0.9)×0.60＋1.2×0.41＋3.3×0.47＋ 3.3×0.22＋7.1×0.24＋7.02×0.53＋3×0.27＋3.3×0.5	13.35			
17	管卡 DN50	个	12.6×2/10	3			
18	管卡 DN32	个	17×2.5/10	4			
19	管卡 DN25	个	12×2.86/10	3			
20	管卡 DN20	个	31.3×3.33/10＋16.57×3.33/10	16			
21	管卡 DN15	个	50.47×4/10	20			
22	一般钢套管 DN50	个	2＋2	4			
23	一般钢套管 DN40	个		1			
24	一般钢套管 DN32	个		1			
25	一般钢套管 DN25	个	1	1			
26	一般钢套管 DN20	个	3	3			
27	一般钢套管 DN15	个	8×2	16			
28	机械钻孔（砖墙）50mm	个	4	4			
29	机械钻孔（砖墙）40mm	个	1	1			
30	机械钻孔（砖墙）32mm	个	1	1			
31	机械钻孔（砖墙）25mm	个	1	1			

续表

序号	项目名称	单位	计算公式	工程数量（地沟）	水平管	立管	支管
32	机械钻孔（砖墙）20mm	个	3	3			
33	机械钻孔（砖墙）15mm	个	8×2	16			
34	楼板预留孔洞 DN32 以内	个		4			
35	楼板预留孔洞 DN25 以内	个		4			
36	楼板预留孔洞 DN20 以内	个	4×3＋2×2	16			
37	管道人工除轻锈	m²	(18.3×18.85＋6.6×15.07＋31.12×13.27＋18.3×10.52＋72.59×8.4＋50.47×6.68) /100	19.97			
38	支架人工除轻锈	kg		13.35			
39	管道刷红丹防锈漆	m²	(18.3×18.85＋6.6×15.07＋31.12×13.27＋18.3×10.52＋72.59×8.4＋50.47×6.68) /100	19.97			
40	管道刷银粉漆两遍	m²	(12.9×18.85＋3.3×15.07＋23.5×13.27＋15×10.52＋59.37×8.4＋50.47×6.68) /100	15.98			
41	支架刷红丹防锈漆	kg		13.35			
42	支架刷银粉漆两遍	kg		13.35			
43	管道岩棉保温（δ＝30mm）	m³	(5.4×0.89＋3.3×0.76＋7.62×0.71＋3.3×0.63＋13.22×0.56) /100	0.22			
44	玻璃丝布保护层	m²	(5.4×41.2＋3.3×37.43＋7.62×35.64＋3.3×32.88＋13.22×30.77) /100	11.33			
45	玻璃丝布保护层外冷底子油	m²	(5.4×41.2＋3.3×37.43＋7.62×35.64＋3.3×32.88＋13.22×30.77) /100	11.33			

注　1. 管道支架制作安装根据《山东省安装工程消耗量定额》（2016）第十册附录四计算。

　　2. 立管按距墙 50mm 计算。

2. 计算分部分项工程费［见表 2-3（A）］

表 2-3（A）　　　　　　　　　　　　　　安装工程预（结）算书

工程名称：某宿舍楼采暖安装工程

序号	定额编号	项目名称	单位	数量	增值税（一般计税）			合计		
					单价	人工费	主材费	合价	人工费	主材费
1	10-2-28	焊管焊接 DN50	10m	1.83	258.67	215.37	121.80	473.37	394.13	222.89
		管件 DN50	个	2.38			10.00			23.79
2	10-2-27	焊管焊接 DN40	10m	0.66	210.48	184.06	101.50	138.92	121.48	66.99
		管件 DN40	个	0.56			8.00			4.49
3	10-2-15	焊管丝接 DN32	10m	3.11	238.92	225.98	79.76	743.04	702.80	248.05
		管件 DN32	个	33.99			6.00			203.95
4	10-2-14	焊管丝接 DN25	10m	1.83	223.55	213.31	58.20	409.10	390.36	106.51
		管件 DN25	个	22.53			5.00			112.64
5	10-2-13	焊管丝接 DN20	10m	7.26	183.88	178.09	48.50	1334.97	1292.93	352.11
		管件 DN20	个	91.04			4.00			364.16
6	10-2-12	焊管丝接 DN15	10m	5.05	182.08	177.06	38.80	919.50	894.15	195.94
		管件 DN15	个	65.04			3.00			195.13
7	10-5-4	螺纹阀 DN32	个	4.00	39.75	14.42	30.30	159.00	57.68	121.20
8	10-5-2	螺纹阀 DN20	个	26.00	24.97	10.3	20.20	649.22	267.80	525.20
9	10-5-1	螺纹阀 DN15	个	42.00	20.64	9.27	10.10	866.88	389.34	424.20
10	10-5-29	自动排气阀 DN20	个	1.00	23.25	13.39	40.00	23.25	13.39	40.00
11	10-5-31	手动跑风 φ10	个	28.00	3.73	3.09	5.05	104.44	86.52	141.40
12	10-5-39	法兰阀 DN50	个	2.00	38.79	25.75	50.00	77.58	51.50	100.00
13	10-5-139	法兰焊接 DN50	副	2.00	44.5	29.87	40.00	89.00	59.74	80.00
14	10-7-8	成组铸铁 M132 型散热器落地安装 16 片内	组	6.00	42.74	40.89		256.44	245.34	0.00
		散热器 M132（15 片/组）	组	2.00			900.00			1800.00
		散热器 M132（14 片/组）	组	2.00			840.00			1680.00
		散热器 M132（13 片/组）	组	2.00			780.00			1560.00
15	10-7-7	成组铸铁 M132 型散热器落地安装 12 片内	组	22.00	27.48	26.16		604.56	575.52	0.00
		散热器 M132（12 片/组）	组	10			720.00			7200.00
		散热器 M132（11 片/组）	组	2			660.00			1320.00
		散热器 M132（10 片/组）	组	10			600.00			6000.00

续表

序号	定额编号	项目名称	单位	数量	增值税（一般计税）			合计		
					单价	人工费	主材费	合价	人工费	主材费
16	10-11-1	管道支架制作（5kg以内）	100kg	0.13	824.48	578.76	525.00	107.18	75.24	68.25
17	10-11-6	管道支架安装	100kg	0.13	564.85	311.68	0.00	73.43	40.52	0.00
18	10-11-14	管卡 DN50	个	3	1.97	1.55	10.50	4.96	3.91	26.46
19	10-11-12	管卡 DN32	个	4	1.62	1.24	6.30	6.89	5.27	26.78
20	10-11-12	管卡 DN25	个	3	1.62	1.24	5.25	5.56	4.26	18.02
21	10-11-11	管卡 DN20	个	16	1.51	1.13	4.20	24.07	18.01	66.95
22	10-11-11	管卡 DN15	个	20	1.51	1.13	3.15	30.48	22.81	63.59
23	10-11-27	一般钢套管 DN50 以内	个	5	21.01	14.21	6.36	105.05	71.05	31.80
24	10-11-26	一般钢套管 DN32 以内	个	2	13.31	9.99	3.82	26.62	19.98	7.63
25	10-11-25	一般钢套管 DN20	个	19	11.27	8.76	2.54	214.13	166.44	48.34
26	10-11-172×0.4	机械钻孔（砖墙）63mm 以内	10个	2.60	94.73	86.93		246.30	226.02	0.00
27	10-11-177	楼板预留孔洞 DN50 以内	10个	2.40	53.45	44.29		128.28	106.30	0.00
28		8 册小计						7822.22	6302.48	23446.47
29	12-1-1	管道人工除轻锈	10m²	2.00	34.26	31.21	0.00	68.52	62.42	0.00
30	12-1-7	支架人工除轻锈	100kg	0.13	42.06	31.21	0.00	5.47	4.06	0.00
31	12-2-1	管道刷红丹防锈漆一遍	10m²	2.00	18.72	17.82	7.35	37.44	35.64	14.70
32	12-2-22	管道刷银粉漆第一遍	10m²	1.60	22.85	21.53	5.36	36.56	34.45	8.58
33	12-2-23	管道刷银粉漆增一遍	10m²	1.60	21.58	20.7	5.04	34.53	33.12	8.06
34	12-2-55	支架刷红丹防锈漆一遍	100kg	0.13	18.72	17.82	5.80	2.43	2.32	0.75
35	12-2-60	支架刷银粉漆第一遍	100kg	0.13	22.85	21.53	2.64	2.97	2.80	0.34
36	12-2-61	支架刷银粉漆增一遍	100kg	0.13	21.58	20.7	2.32	2.81	2.69	0.30
37	12-2-184	玻璃丝布外冷底子油	10m²	0.11	113.31	78.9		12.46	8.68	0.00
38	12-4-20	管道岩棉管壳保温外径 φ57mm 以内	m³	0.22	537.25	490.49	515.00	118.20	107.91	113.30
39	12-4-135	玻璃丝布保护层	10m²	0.11	37.44	37.18	168.00	4.12	4.09	18.48
40		11 册小计						203.19	186.17	32.74
41		分部分项工程费			7822.22+23446.47+203.19+32.74＝31504.62			31504.62	6488.65	

注 1. DN50 管单价主材费按第十册管道定额损耗乘以主材单价，即：10.15×12＝121.80。

2. DN50 管件数量按第十册管件定额损耗乘以管道长度，数量：1.3×1.83＝2.38。

3. 计算安装工程费用（造价）[见表2-4（A）]

表2-4（A） 定额计价的计算程序

项目名称：某办公楼采暖工程

序号	费用名称	计算方法	金额（元）
一	分部分项工程费	详表2-3合价	31504.62
	计费基础JD1	详表2-3合计人工费	6488.65
	措施项目费	2.1+2.2	1531.32
	2.1单价措施费		973.30
	1. 脚手架搭拆费	6488.65×5%	324.43
	其中：人工费	324.43×35%	113.55
	2. 采暖工程系统调整费	6488.65×10%	648.87
	其中：人工费	648.87×35%	227.10
二	2.2总价措施费	1+2+3+4	558.02
	1. 夜间施工费	6488.65×2.50%	162.22
	2. 二次搬运费	6488.65×2.10%	136.26
	3. 冬雨季施工增加费	6488.65×2.80%	181.68
	4. 已完工程及设备保护费	6488.65×1.20%	77.86
	计费基础JD2	113.55+227.10+162.22×50%+136.26×40%+182.68×40%+77.86×25%	568.41
	其他项目费	3.1+3.3+…+3.8	
	3.1暂列金额		
	3.2专业工程暂估价		
	3.3特殊项目暂估价		
三	3.4计日工	按相应规定计算	
	3.5采购保管费		
	3.6其他检验试验费		
	3.7总承包服务费		
	3.8其他		
四	企业管理费	(6488.65+568.41)×55%	3881.38
五	利润	(6488.65+568.41)×32%	2258.26
	规费	6.1+6.2+6.3+6.4+6.5	2851.98
	6.1安全文明施工费	(31504.62+1531.32+3881.38+2258.26)×5.01%	1997.95
	6.2社会保险费	(31504.62+1531.32+3881.38+2258.26)×1.52%	595.47
六	6.3住房公积金	(31504.62+1531.32+3881.38+2258.26)×0.22%	86.19
	6.4工程排污费	(31504.62+1531.32+3881.38+2258.26)×0.28%	109.69
	6.5建设项目工伤保险	(31504.62+1531.32+3881.38+2258.26)×0.16%	62.68
七	设备费	Σ（设备单价×设备工程量）	
八	税金	(31504.62+1531.32+3881.38+2258.26+2851.98)×11%	4623.03
九	工程费用合计	31504.62+1531.32+3881.38+2258.26+2851.98+4623.03	46650.60

二、工程量清单〔见表 2-5（A）〕

工程量清单的编制按照"13 计价规范"的要求、"13 计算规范"工程量计算规则以及参考表 2-2 确定。

表 2-5（A）　　　　　　　　　　　　　**分部分项工程和单价措施项目清单表**

工程名称：某住宅楼采暖安装工程

序号	项目编码	项目名称	项目特征描述	计量单位	工程量
1	031001002001	钢管	室内采暖工程，焊接钢管 DN50，焊接，水压试验	m	18.3
2	031001002002	钢管	室内采暖工程，焊接钢管 DN40，焊接，水压试验	m	6.6
3	031001002003	钢管	室内采暖工程，焊接钢管 DN32，螺纹连接，水压试验，楼板预留孔洞	m	31.12
4	031001002004	钢管	室内采暖工程，焊接钢管 DN25，螺纹连接，水压试验，楼板预留孔洞	m	18.3
5	031001002005	钢管	室内采暖工程，焊接钢管 DN20，螺纹连接，水压试验，楼板预留孔洞	m	72.59
6	031001002006	钢管	室内采暖工程，焊接钢管 DN15，螺纹连接，水压试验	m	50.47
7	031002001001	管道支架	角钢∠50×50×5，一般活动支架	kg	13.35
8	031002003001	套管	套管，焊接钢管，介质规格 DN50（套管规格 DN80）	个	5
9	031002003002	套管	套管，焊接钢管，介质规格 DN32（套管规格 DN50）	个	2
10	031002003003	套管	套管，焊接钢管，介质规格 DN20（套管规格 DN32）	个	19
11	031003001001	螺纹阀门	钢制螺纹阀，DN32，螺纹连接	个	4
12	031003001002	螺纹阀门	钢制螺纹阀，DN20，螺纹连接	个	26
13	031003001003	螺纹阀门	钢制螺纹阀，DN15，螺纹连接	个	42
14	031003001004	螺纹阀门	钢制自动排气阀，DN20，螺纹连接	个	1
15	031003003001	焊接法兰阀门	钢制法兰阀 DN50，法兰连接	个	2
16	031003011001	法兰	钢制，DN50，焊接	副	2
17	031005001001	铸铁散热器	铸铁型散热器，M132 型，15 片以内/组，成组落地安装，设一个手动放风阀 Φ10	组	6
18	031005001002	铸铁散热器	铸铁型散热器，M132 型，12 片以内/组，成组落地安装，设一个手动放风阀 Φ10	组	22
19	031009001001	采暖工程系统调试	上供下回，采暖工程	系统	1
20	030413003001	凿洞	机械钻孔（砖墙）50mm 以内	个	26
21	031201001001	管道刷油	除轻锈，刷红丹防锈漆一遍	m²	19.97
22	031201001002	管道刷油	银粉漆两遍	m²	15.98
23	031201003001	金属结构刷油	除轻锈，刷红丹防锈漆一遍，银粉漆两遍	kg	13.35
24	031201006001	布面刷油	玻璃丝布，冷底子油一遍	m²	11.33
25	031208002001	管道保温	岩棉管壳，δ=30mm，管径 DN50，DN40，DN32，DN25，DN20	m³	0.22
26	031208007001	保护层	管道玻璃丝布，一层	m²	11.33

三、工程量清单计价

1. 工程量清单综合计价分析表［见表 2-6（A）～表 2-31（A）］

表 2-6（A） 工程量清单综合单价分析表

工程名称：某办公楼采暖工程   标段：   第1页　共26页

项目编码		031001002001		项目名称			钢管			计量单位		m

清单综合单价组成明细

定额编号	定额名称	定额单位	数量	单价					合价				
				人工费	材料费	机械费	管理费	利润	人工费	材料费	机械费	管理费	利润
10-2-38	焊接钢管焊接 DN50	10m	1.83	215.37	12.86	30.44	118.45	68.92	394.13	23.53	55.71	216.77	126.12
10-11-14	管卡 DN50	个	3	1.55	0.42		0.85	0.50	4.65	1.26	0.00	2.56	1.49
人工单价			小　计						398.78	24.79	55.71	219.33	127.61
103 元/工日			未计价材料费						278.18				
清单项目综合单价									60.35				

材料费明细	主要材料名称、规格、型号	单位	数量	单价（元）	合价（元）	暂估单价（元）	暂估合价（元）
	焊接钢管 DN50	m	18.57			12	222.89
	焊接钢管管件 DN50	个	2.38			10	23.79
	管卡 DN50	个	3.15			10	31.50
	其他材料费						
	材料费小计						278.18

注   1. 单价中人、材、机费用参考 2017 年《山东省安装工程价目表》；管理费、利润参照 2016 年《费用项目组成》的民用安装工程，单价中管理费＝人工费×自选管理费率，118.45＝215.37×55%，利润：68.92＝215.37×32%。

     2. 主要材料数量根据清单数量乘以定额损耗：焊接钢管 DN50，18.57＝1.83×10.15；焊接钢管管件 DN50，2.38＝1.83×1.3；管卡 DN50，3.15＝3×1.05。

     3. 综合单价：60.35＝（398.78＋24.79＋55.71＋219.33＋127.61＋278.18）/18.3。

表 2 - 7 （A）　　　　　　　　　　　　　　　　　工程量清单综合单价分析表

工程名称：某办公楼采暖工程　　　　　　　　　　标段：　　　　　　　　　　　　　　　第 2 页　共 26 页

项目编码		031001002002		项目名称			钢管		计量单位			m
清单综合单价组成明细												
定额编号	定额名称	定额单位	数量	单价					合价				
				人工费	材料费	机械费	管理费	利润	人工费	材料费	机械费	管理费	利润
10 - 2 - 37	焊接钢管焊接 DN40	10m	0.66	184.06	8.89	17.53	101.23	58.90	121.48	5.87	11.57	66.81	38.87
人工单价		小　计							121.48	5.87	11.57	66.81	38.87
103 元/工日		未计价材料费							71.48				
清单项目综合单价									47.89				
材料费明细	主要材料名称、规格、型号					单位		数量	单价（元）	合价（元）	暂估单价（元）	暂估合价（元）	
	焊接钢管 DN40					m		6.70			10	66.99	
	焊接钢管管件 DN40					个		0.56			8	4.49	
	其他材料费												
	材料费小计											71.48	

表 2 - 8 （A）　　　　　　　　　　　　　　　　　工程量清单综合单价分析表

工程名称：某办公楼采暖工程　　　　　　　　　　标段：　　　　　　　　　　　　　　　第 3 页　共 26 页

项目编码		031001002003		项目名称			钢管		计量单位			m
清单综合单价组成明细												
定额编号	定额名称	定额单位	数量	单价					合价				
				人工费	材料费	机械费	管理费	利润	人工费	材料费	机械费	管理费	利润
10 - 2 - 15	焊接钢管丝接 DN32	10m	3.11	225.98	5.91	7.03	124.29	72.31	702.80	18.38	21.86	386.54	224.90
10 - 11 - 12	管卡 DN32	个	4	1.24	0.38		0.68	0.40	4.96	1.52	0.00	2.73	1.59
10 - 11 - 177	预留洞口 DN32	10 个	0.4	44.29	8.6	0.56	24.36	14.17	17.72	3.44	0.22	9.74	5.67
人工单价		小　计							702.80	18.38	21.86	386.54	224.90
103 元/工日		未计价材料费							477.21				
清单项目综合单价									58.90				
材料费明细	主要材料名称、规格、型号					单位		数量	单价（元）	合价（元）	暂估单价（元）	暂估合价（元）	
	焊接钢管 DN32					m		31.01			8	248.05	
	焊接钢管管件 DN32					个		33.99			6	203.95	
	管卡 DN32					个		4.20			6	25.20	
	其他材料费												
	材料费小计											477.21	

表 2-9 （A）

工程量清单综合单价分析表

工程名称：某办公楼采暖工程 　　　　　　　　　　　标段： 　　　　　　　　　　　　　　　第 4 页　共 26 页

项目编码		031001002004		项目名称			钢管		计量单位			m
清单综合单价组成明细												
定额编号	定额名称	定额单位	数量	单 价					合 价				
				人工费	材料费	机械费	管理费	利润	人工费	材料费	机械费	管理费	利润
10-2-14	焊接钢管丝接 DN25	10m	1.83	213.31	5.19	5.05	117.32	68.26	390.36	9.50	9.24	214.70	124.91
10-11-12	管卡 DN25	个	3	1.24	0.38		0.68	0.40	3.72	1.14	0.00	2.05	1.19
10-11-177	预留洞口 DN25	10个	0.4	44.29	8.6	0.56	24.36	14.17	17.72	3.44	0.22	9.74	5.67
人工单价		小　计							390.36	9.50	9.24	214.70	124.91
103 元/工日		未计价材料费							234.89				
		清单项目综合单价							53.75				
材料费明细	主要材料名称、规格、型号			单位		数量	单价（元）	合价（元）	暂估单价（元）		暂估合价（元）		
	焊接钢管 DN25			m		17.75			6		106.51		
	焊接钢管管件 DN25			个		22.53			5		112.64		
	管卡 DN25			个		3.15			5		15.75		
	其他材料费												
	材料费小计										234.89		

表 2-10 （A）

工程量清单综合单价分析表

工程名称：某办公楼采暖工程 　　　　　　　　　　　标段： 　　　　　　　　　　　　　　　第 5 页　共 26 页

项目编码		031001002005		项目名称			钢管		计量单位			m
清单综合单价组成明细												
定额编号	定额名称	定额单位	数量	单 价					合 价				
				人工费	材料费	机械费	管理费	利润	人工费	材料费	机械费	管理费	利润
10-2-13	焊接钢管丝接 DN20	10m	7.26	178.09	3.77	2.02	97.95	56.99	1292.93	27.37	14.67	711.11	413.74
10-11-11	管卡 DN20	个	16	1.13	0.38		0.62	0.36	18.08	6.08	0.00	9.94	5.79
10-11-177	预留洞口 DN20	10个	1.6	44.29	8.6	0.56	24.36	14.17	70.86	13.76	0.90	38.98	22.68
人工单价		小　计							1292.93	27.37	14.67	711.11	413.74
103 元/工日		未计价材料费							783.47				
		清单项目综合单价							44.67				
材料费明细	主要材料名称、规格、型号			单位		数量	单价（元）	合价（元）	暂估单价（元）		暂估合价（元）		
	焊接钢管 DN20			m		70.42			5		352.11		
	焊接钢管管件 DN20			个		91.04			4		364.16		
	管卡 DN20			个		16.80			4		67.20		
	其他材料费												
	材料费小计										783.47		

表 2-11（A） 　　　　　　　　　　　　　　**工程量清单综合单价分析表**

工程名称：某办公楼采暖工程　　　　　　　　标段：　　　　　　　　　　　　　　　　　第 6 页　共 26 页

项目编码		031001002006			项目名称			钢管			计量单位		m

清单综合单价组成明细

定额编号	定额名称	定额单位	数量	单价					合价				
				人工费	材料费	机械费	管理费	利润	人工费	材料费	机械费	管理费	利润
10-2-12	焊接钢管丝接 DN15	10m	5.05	177.06	3.25	1.77	97.38	56.66	894.15	16.41	8.94	491.78	286.13
10-11-11	管卡 DN15	个	20	1.13	0.38		0.62	0.36	22.60	7.60	0.00	12.43	7.23
人工单价		小　计							894.15	16.41	8.94	491.78	286.13
103 元/工日		未计价材料费							482.71				
清单项目综合单价									43.17				

材料费明细	主要材料名称、规格、型号	单位	数量	单价（元）	合价（元）	暂估单价（元）	暂估合价（元）
	焊接钢管 DN15	m	50.05			4	200.18
	焊接钢管管件 DN15	个	73.17			3	219.52
	管卡 DN15	个	21.00			3	63.00
	其他材料费						
	材料费小计						482.71

表 2-12（A） 　　　　　　　　　　　　　　**工程量清单综合单价分析表**

工程名称：某办公楼采暖工程　　　　　　　　标段：　　　　　　　　　　　　　　　　　第 7 页　共 26 页

项目编码		031002001001			项目名称			管道支架			计量单位		kg

清单综合单价组成明细

定额编号	定额名称	定额单位	数量	单价					合价				
				人工费	材料费	机械费	管理费	利润	人工费	材料费	机械费	管理费	利润
10-11-1	管道支架制作	100kg	0.13	578.76	59.54	186.18	318.32	185.20	75.24	7.74	24.20	41.38	24.08
10-11-6	管道支架安装	100kg	0.13	311.68	134.81	118.36	171.42	99.74	40.52	17.53	15.39	22.29	12.97
人工单价		小　计							75.24	7.74	24.20	41.38	24.08
103 元/工日		未计价材料费							68.25				
清单项目综合单价									18.53				

材料费明细	主要材料名称、规格、型号	单位	数量	单价（元）	合价（元）	暂估单价（元）	暂估合价（元）
	角钢∠50×50×5	kg	13.65			5	68.25
	其他材料费						
	材料费小计						68.25

表 2-13 （A）   工程量清单综合单价分析表

工程名称：某办公楼采暖工程   标段：   第 8 页　共 26 页

项目编码		031002003001		项目名称		套管			计量单位		个
清 单 综 合 单 价 组 成 明 细											
定额编号	定额名称	定额单位	数量	单　　价					合　　价				
				人工费	材料费	机械费	管理费	利润	人工费	材料费	机械费	管理费	利润
10-11-27	一般钢套管 DN50	个	5	14.21	6.01	0.79	7.82	4.55	71.05	30.05	3.95	39.08	22.74
人工单价		小　　计							71.05	30.05	3.95	39.08	22.74
103 元/工日		未计价材料费							31.80				
清单项目综合单价									39.73				
材料费明细	主要材料名称、规格、型号			单位		数量		单价（元）	合价（元）	暂估单价（元）		暂估合价（元）
	焊接钢管 DN80			m		1.59				20		31.80
	其他材料费											
	材料费小计											31.80

表 2-14 （A）   工程量清单综合单价分析表

工程名称：某办公楼采暖工程   标段：   第 9 页　共 26 页

项目编码		031002003002		项目名称		套管			计量单位		个
清 单 综 合 单 价 组 成 明 细											
定额编号	定额名称	定额单位	数量	单　　价					合　　价				
				人工费	材料费	机械费	管理费	利润	人工费	材料费	机械费	管理费	利润
10-11-26	一般钢套管 DN32	个	2	9.99	2.58	0.74	5.49	3.20	19.98	5.16	1.48	10.99	6.39
人工单价		小　　计							19.98	5.16	1.48	10.99	6.39
103 元/工日		未计价材料费							7.63				
清单项目综合单价									25.82				
材料费明细	主要材料名称、规格、型号			单位		数量		单价（元）	合价（元）	暂估单价（元）		暂估合价（元）
	焊接钢管 DN50			m		0.64				12		7.63
	其他材料费											
	材料费小计											7.63

表 2 - 15 （A）

工程量清单综合单价分析表

工程名称：某办公楼采暖工程　　　　标段：　　　　　　　　　　　　　　第10页　共26页

项目编码	031002003003		项目名称			套管			计量单位		个

清单综合单价组成明细

定额编号	定额名称	定额单位	数量	单价					合价				
				人工费	材料费	机械费	管理费	利润	人工费	材料费	机械费	管理费	利润
10-11-25	一般钢套管 DN20	个	19	8.76	1.86	0.65	4.82	2.80	166.44	35.34	12.35	91.54	53.26
人工单价		小　计							166.44	35.34	12.35	91.54	53.26
103元/工日		未计价材料费							72.50				
清单项目综合单价									22.71				

材料费明细	主要材料名称、规格、型号	单位	数量	单价（元）	合价（元）	暂估单价（元）	暂估合价（元）
	焊接钢管 DN50	m	6.04			12	72.50
	其他材料费						
	材料费小计						72.50

表 2 - 16 （A）

工程量清单综合单价分析表

工程名称：某办公楼采暖工程　　　　标段：　　　　　　　　　　　　　　第11页　共26页

项目编码	031003001001		项目名称			螺纹阀门			计量单位		个

清单综合单价组成明细

定额编号	定额名称	定额单位	数量	单价					合价				
				人工费	材料费	机械费	管理费	利润	人工费	材料费	机械费	管理费	利润
10-5-4	螺纹阀门 DN32	个	4	14.42	23.82	1.51	7.93	4.61	57.68	95.28	6.04	31.72	18.46
人工单价		小　计							57.68	95.28	6.04	31.72	18.46
103元/工日		未计价材料费							121.20				
清单项目综合单价									82.60				

材料费明细	主要材料名称、规格、型号	单位	数量	单价（元）	合价（元）	暂估单价（元）	暂估合价（元）
	螺纹阀门 DN32	个	4.04			30	121.20
	其他材料费						
	材料费小计						121.20

表 2 - 17 （A）   **工程量清单综合单价分析表**

工程名称：某办公楼采暖工程   标段：   第 12 页 共 26 页

| 项目编码 | 031003001002 | | 项目名称 | | 螺纹阀门 | | | 计量单位 | | 个 |

清单综合单价组成明细

定额编号	定额名称	定额单位	数量	单　　价					合　　价				
				人工费	材料费	机械费	管理费	利润	人工费	材料费	机械费	管理费	利润
10 - 5 - 2	螺纹阀门 DN20	个	26	10.30	13.80	0.87	5.67	3.30	267.80	358.80	22.62	147.29	85.70
人工单价		小　计							267.80	358.80	22.62	147.29	85.70
103 元/工日		未计价材料费							525.20				
清单项目综合单价									54.13				

材料费明细	主要材料名称、规格、型号		单位		数量		单价（元）	合价（元）	暂估单价（元）	暂估合价（元）
	螺纹阀门 DN20		个		26.26				20	525.20
	其他材料费									
	材料费小计									525.20

表 2 - 18 （A）   **工程量清单综合单价分析表**

工程名称：某办公楼采暖工程   标段：   第 13 页 共 26 页

| 项目编码 | 031003001003 | | 项目名称 | | 螺纹阀门 | | | 计量单位 | | 个 |

清单综合单价组成明细

定额编号	定额名称	定额单位	数量	单　　价					合　　价				
				人工费	材料费	机械费	管理费	利润	人工费	材料费	机械费	管理费	利润
10 - 5 - 1	螺纹阀门 DN15	个	42	9.27	10.61	0.76	5.10	2.97	389.34	445.62	31.92	214.14	124.59
人工单价		小　计							389.34	445.62	31.92	214.14	124.59
103 元/工日		未计价材料费							424.20				
清单项目综合单价									38.80				

材料费明细	主要材料名称、规格、型号		单位		数量		单价（元）	合价（元）	暂估单价（元）	暂估合价（元）
	螺纹阀门 DN15		个		42.42				10	424.20
	其他材料费									
	材料费小计									424.20

表 2 - 19（A）

工程量清单综合单价分析表

工程名称：某办公楼采暖工程　　　　　　　　　　标段：　　　　　　　　　　　　　　　　　第 14 页　共 26 页

| 项目编码 | | 031003001004 | | 项目名称 | | | 螺纹阀门 | | | 计量单位 | | 个 |

清 单 综 合 单 价 组 成 明 细												
定额编号	定额名称	定额单位	数量	单　价					合　价				
				人工费	材料费	机械费	管理费	利润	人工费	材料费	机械费	管理费	利润
10-5-2	自动排气阀 DN20	个	1	10.30	13.80	0.87	5.67	3.30	10.30	13.80	0.87	5.67	3.30
人工单价		小　计							10.30	13.80	0.87	5.67	3.30
103 元/工日		未计价材料费							40.40				
清单项目综合单价									74.33				
材料费明细	主要材料名称、规格、型号				单位		数量		单价（元）	合价（元）	暂估单价（元）	暂估合价（元）	
	自动排气阀 DN20				个		1.01				40	40.40	
	其他材料费												
	材料费小计											40.40	

表 2 - 20（A）

工程量清单综合单价分析表

工程名称：某办公楼采暖工程　　　　　　　　　　标段：　　　　　　　　　　　　　　　　　第 15 页　共 26 页

| 项目编码 | | 031003003001 | | 项目名称 | | | 焊接法兰阀门 | | | 计量单位 | | 个 |

清 单 综 合 单 价 组 成 明 细												
定额编号	定额名称	定额单位	数量	单　价					合　价				
				人工费	材料费	机械费	管理费	利润	人工费	材料费	机械费	管理费	利润
10-5-39	焊接法兰阀门 DN50	个	2	45.32	19.55	2.11	24.93	14.50	90.64	39.10	4.22	49.85	29.00
人工单价		小　计							90.64	39.10	4.22	49.85	29.00
103 元/工日		未计价材料费							100.00				
清单项目综合单价									156.41				
材料费明细	主要材料名称、规格、型号				单位		数量		单价（元）	合价（元）	暂估单价（元）	暂估合价（元）	
	焊接法兰阀门 DN50				个		2.00				50	100.00	
	其他材料费												
	材料费小计											100.00	

表 2 - 21 （A）　　　　　　　　　　　　　　**工程量清单综合单价分析表**

工程名称：某办公楼采暖工程　　　　　　　　　　标段：　　　　　　　　　　第 16 页　共 26 页

项目编码	031003011001		项目名称				法兰			计量单位			副

清 单 综 合 单 价 组 成 明 细

定额编号	定额名称	定额单位	数量	单　价					合　价				
				人工费	材料费	机械费	管理费	利润	人工费	材料费	机械费	管理费	利润
10-5-139	碳钢平焊法兰 DN50	副	2	29.87	9.25	5.38	16.43	9.56	59.74	18.50	10.76	32.86	19.12
人工单价			小　计						59.74	18.50	10.76	32.86	19.12
103 元/工日			未计价材料费						80.00				
			清单项目综合单价						110.49				

材料费明细	主要材料名称、规格、型号		单位	数量	单价（元）	合价（元）	暂估单价（元）	暂估合价（元）
	碳钢平焊法兰 DN50		片	4.00			20	80.00
	其他材料费							
	材料费小计							80.00

表 2 - 22 （A）　　　　　　　　　　　　　　**工程量清单综合单价分析表**

工程名称：某办公楼采暖工程　　　　　　　　　　标段：　　　　　　　　　　第 17 页　共 26 页

项目编码	031005001001		项目名称				铸铁散热器			计量单位			组

清 单 综 合 单 价 组 成 明 细

定额编号	定额名称	定额单位	数量	单　价					合　价				
				人工费	材料费	机械费	管理费	利润	人工费	材料费	机械费	管理费	利润
10-7-8	铸铁板式散热器 16 片内	组	6	40.89	1.66	0.19	22.49	13.08	245.34	9.96	1.14	134.94	78.51
10-5-31	手动跑风 Φ10	个	6	3.09	0.64		1.70	0.99	18.54	3.84	0.00	10.20	5.93
人工单价			小　计						263.88	13.80	1.14	145.13	84.44
103 元/工日			未计价材料费						5070.30				
			清单项目综合单价						929.78				

材料费明细	主要材料名称、规格、型号		单位	数量	单价（元）	合价（元）	暂估单价（元）	暂估合价（元）
	铸铁散热器 M132 型		片	84.00			60	5040.00
	手动跑风 Φ10		个	6.06			5	30.30
	其他材料费							
	材料费小计							5070.30

表 2 - 23 （A）　　　　　　　　　　　　　　工程量清单综合单价分析表

工程名称：某办公楼采暖工程　　　　　　　　　　标段：　　　　　　　　　　　　第 18 页　共 26 页

项目编码		031005001002		项目名称			铸铁散热器			计量单位			组

清单综合单价组成明细

定额编号	定额名称	定额单位	数量	单价					合价				
				人工费	材料费	机械费	管理费	利润	人工费	材料费	机械费	管理费	利润
10-7-7	铸铁板式散热器12片内	组	22	31.00	0.88	0.19	17.05	9.92	682.00	19.36	4.18	375.10	218.24
10-5-31	手动跑风Φ10	个	22	3.09	0.64		1.70	0.99	67.98	14.08	0.00	37.39	21.75
人工单价		小　计							749.98	33.44	4.18	412.49	239.99
103元/工日		未计价材料费							14631.10				
清单项目综合单价									730.51				

材料费明细	主要材料名称、规格、型号		单位	数量	单价（元）	合价（元）	暂估单价（元）	暂估合价（元）
	铸铁散热器 M132 型		片	242.00			60	14520.00
	手动跑风 Φ10		个	22.22			5	111.10
	其他材料费							
	材料费小计							14631.10

表 2 - 24 （A）　　　　　　　　　　　　　　工程量清单综合单价分析表

工程名称：某办公楼采暖工程　　　　　　　　　　标段：　　　　　　　　　　　　第 19 页　共 26 页

项目编码		031009001001		项目名称			采暖工程系统调试			计量单位			系统

清单综合单价组成明细

定额编号	定额名称	定额单位	数量	单价					合价				
				人工费	材料费	机械费	管理费	利润	人工费	材料费	机械费	管理费	利润
	采暖工程系统调试	系统	1	210.79	391.47	0	115.93	67.45	210.79	391.47	0.00	115.93	67.45
人工单价		小　计							210.79	391.47	0.00	115.93	67.45
103元/工日		未计价材料费							0.00				
清单项目综合单价									785.64				

材料费明细	主要材料名称、规格、型号		单位	数量	单价（元）	合价（元）	暂估单价（元）	暂估合价（元）
	其他材料费							
	材料费小计							0.00

注　按采暖系统工程人工费（第1页至第18页各表中小计人工费之和）的10%计算，其中人工费占35%；材料费按占65%计算。

表 2 - 25（A）　　　　　　　　　　　　　　　　　　　　**工程量清单综合单价分析表**

工程名称：某住宅楼给排水安装工程　　　　　　　　标段：　　　　　　　　　　　　　　

项目编码	030413003001		项目名称			凿洞				计量单位		个
清单综合单价组成明细												
定额编号	定额名称	定额单位	数量	单价					合价				
				人工费	材料费	机械费	管理费	利润	人工费	材料费	机械费	管理费	利润
10-11-172×0.4	机械钻孔（砖墙）50mm 以内	10 个	2.6	86.93	7.8		47.81	27.82	226.02	20.28	0.00	124.31	72.33
人工单价			小　计						226.02	20.28	0.00	124.31	72.33
103 元/工日			未计价材料费						0.00				
			清单项目综合单价						17.04				
材料费明细	主要材料名称、规格、型号			单位		数量		单价（元）		合价（元）	暂估单价（元）		暂估合价（元）
												0.00
	其他材料费											
	材料费小计											0.00

表 2 - 26（A）　　　　　　　　　　　　　　　　　　　　**工程量清单综合单价分析表**

工程名称：某办公楼采暖工程　　　　　　　　　　标段：　　　　　　　　　　　　　　

项目编码	031201001001		项目名称			管道刷油				计量单位		m²
清单综合单价组成明细												
定额编号	定额名称	定额单位	数量	单价					合价				
				人工费	材料费	机械费	管理费	利润	人工费	材料费	机械费	管理费	利润
12-1-1	管道除轻锈	10m²	2	31.21	3.05		17.17	9.99	62.42	6.10	0.00	34.33	19.97
12-2-1	管道刷防锈漆	10m²	2	17.82	0.9		9.80	5.70	35.64	1.80	0.00	19.60	11.40
人工单价			小　计						62.42	6.10	0.00	34.33	19.97
103 元/工日			未计价材料费						14.70				
			清单项目综合单价						6.88				
材料费明细	主要材料名称、规格、型号			单位		数量		单价（元）		合价（元）	暂估单价（元）		暂估合价（元）
	醇酸防锈漆			kg		2.94					5		14.70
	其他材料费											
	材料费小计											14.70

表 2 - 27（A）   **工程量清单综合单价分析表**

工程名称：某办公楼采暖工程   标段：   第 22 页 共 26 页

项目编码		031201001002		项目名称		管道刷油		计量单位		m²

清 单 综 合 单 价 组 成 明 细

定额编号	定额名称	定额单位	数量	单 价					合 价				
				人工费	材料费	机械费	管理费	利润	人工费	材料费	机械费	管理费	利润
12 - 2 - 22	管道刷银粉漆 第一遍	10m²	1.6	21.53	1.32		11.84	6.89	34.45	2.11	0.00	18.95	11.02
12 - 2 - 23	管道刷银粉漆 增一遍	10m²	1.6	20.7	0.88		11.39	6.62	33.12	1.41	0.00	18.22	10.60
人工单价		小 计							34.45	2.11	0.00	18.95	11.02
103 元/工日		未计价材料费							16.64				
清单项目综合单价									5.20				

材料费明细	主要材料名称、规格、型号		单位	数量	单价（元）	合价（元）	暂估单价（元）	暂估合价（元）
	银粉漆		kg	1.07			8	8.58
	银粉漆		kg	1.01			8	8.06
	其他材料费							
	材料费小计							16.64

表 2-28（A）   **工程量清单综合单价分析表**

工程名称：某办公楼采暖工程   标段：   第 23 页 共 26 页

项目编码	031201003001	项目名称		金属结构刷油		计量单位		kg

清 单 综 合 单 价 组 成 明 细

定额编号	定额名称	定额单位	数量	单 价					合 价				
				人工费	材料费	机械费	管理费	利润	人工费	材料费	机械费	管理费	利润
12-1-7	支架人工除轻锈	100kg	0.13	31.21	2.26	8.59	17.17	9.99	4.06	0.29	1.12	2.23	1.30
12-2-55	支架刷红丹防锈漆一遍	100kg	0.13	16.89	0.07	4.29	9.29	5.40	2.20	0.01	0.56	1.21	0.70
12-2-60	支架刷银粉漆第一遍	100kg	0.13	19.57	1.27		10.76	6.26	2.54	0.17	0.00	1.40	0.81
12-2-61	支架刷银粉漆增一遍	100kg	0.13	18.64	1.14		10.25	5.96	2.42	0.15	0.00	1.33	0.78
人工单价		小 计							11.22	0.62	1.67	6.17	3.59
103 元/工日		未计价材料费							1.40				
清单项目综合单价									1.90				

材料费明细	主要材料名称、规格、型号	单位	数量	单价（元）	合价（元）	暂估单价（元）	暂估合价（元）
	醇酸防锈漆	kg	0.15			5	0.75
	银粉漆	kg	0.04			8	0.34
	银粉漆	kg	0.04			8	0.30
	其他材料费						
	材料费小计						1.40

表 2-29（A）

工程量清单综合单价分析表

工程名称：某办公楼采暖工程　　　　　　　　　标段：　　　　　　　　　第 24 页　共 26 页

项目编码		031201006001			项目名称		布面刷油				计量单位		m²

清单综合单价组成明细

定额编号	定额名称	定额单位	数量	单价					合价				
				人工费	材料费	机械费	管理费	利润	人工费	材料费	机械费	管理费	利润
12-2-184	玻璃丝布刷冷底子油	10m²	1.13	78.9	34.41		43.40	25.25	89.16	38.88	0.00	49.04	28.53
人工单价		小　计							89.16	38.88	0.00	49.04	28.53
103 元/工日		未计价材料费							0.00				
清单项目综合单价									18.20				

材料费明细	主要材料名称、规格、型号		单位	数量	单价（元）	合价（元）	暂估单价（元）	暂估合价（元）
	其他材料费							
	材料费小计						0.00	

表 2-30（A）

工程量清单综合单价分析表

工程名称：某办公楼采暖工程　　　　　　　　　标段：　　　　　　　　　第 25 页　共 26 页

项目编码		031208002001			项目名称		管道保温				计量单位		m³

清单综合单价组成明细

定额编号	定额名称	定额单位	数量	单价					合价				
				人工费	材料费	机械费	管理费	利润	人工费	材料费	机械费	管理费	利润
12-4-20	管道岩棉管壳保温	m³	0.22	78.9	34.41		43.40	25.25	17.36	7.57	0.00	9.55	5.55
人工单价		小　计							17.36	7.57	0.00	9.55	5.55
103 元/工日		未计价材料费							113.30				
清单项目综合单价									696.95				

材料费明细	主要材料名称、规格、型号		单位	数量	单价（元）	合价（元）	暂估单价（元）	暂估合价（元）
	岩棉管壳		m³	0.23			500	113.30
	其他材料费							
	材料费小计						113.30	

表 2-31（A）   **工程量清单综合单价分析表**

工程名称：某办公楼采暖工程   标段：

项目编码	031208007001			项目名称				保护层			计量单位		m²
清单综合单价组成明细													
定额编号	定额名称	定额单位	数量	单 价					合 价					
				人工费	材料费	机械费	管理费	利润	人工费	材料费	机械费	管理费	利润
12-4-135	管道玻璃丝布保护层	10m²	1.13	37.18	0.26		20.45	11.90	42.01	0.29	0.00	23.11	13.44
人工单价			小 计						42.01	0.29	0.00	23.11	13.44
103元/工日			未计价材料费						189.84				
清单项目综合单价									23.78				
材料费明细	主要材料名称、规格、型号				单位		数量		单价（元）	合价（元）	暂估单价（元）	暂估合价（元）	
	玻璃丝布				m²		15.82				12	189.84	
	其他材料费												
	材料费小计											189.84	

2. 分部分项工程和单价措施费清单计价表 ［表 2-32（A）］

表 2-32（A）   **分部分项工程和单价措施费清单计价表**

工程名称：某住宅楼采暖安装工程

序号	项目编码	项目名称	项目特征描述	计量单位	工程量	金 额（元）			
						综合单价	合价	其中：人工费	其中：暂估价
1	031001002001	钢管	室内采暖工程，焊接钢管 DN50，焊接，水压试验	m	18.3	60.35	1104.40	398.78	278.18
2	031001002002	钢管	室内采暖工程，焊接钢管 DN40，焊接，水压试验	m	6.6	47.89	316.08	121.48	71.48
3	031001002003	钢管	室内采暖工程，焊接钢管 DN32，螺纹连接，水压试验，楼板预留孔洞	m	31.12	58.90	1832.86	702.80	477.21
4	031001002004	钢管	室内采暖工程，焊接钢管 DN25，螺纹连接，水压试验，楼板预留孔洞	m	18.3	53.75	983.60	390.36	234.89
5	031001002005	钢管	室内采暖工程，焊接钢管 DN20，螺纹连接，水压试验，楼板预留孔洞	m	72.59	44.67	3242.85	1292.93	783.47
6	031001002006	钢管	室内采暖工程，焊接钢管 DN15，螺纹连接，水压试验	m	50.47	43.17	2178.83	894.15	482.71

续表

序号	项目编码	项目名称	项目特征描述	计量单位	工程量	综合单价	合价	其中：人工费	其中：暂估价
7	031002001001	管道支架	角钢∟50×50×5，一般活动支架	kg	13.35	18.53	247.38	75.24	68.25
8	031002003001	套管	套管，焊接钢管，介质规格 DN50（套管规格 DN80）	个	5	39.73	198.66	71.05	31.80
9	031002003002	套管	套管，焊接钢管，介质规格 DN32（套管规格 DN50）	个	2	25.82	51.63	19.98	7.63
10	031002003003	套管	套管，焊接钢管，介质规格 DN20（套管规格 DN32）	个	19	22.71	431.44	166.44	72.50
11	031003001001	螺纹阀门	钢制螺纹阀，DN32，螺纹连接	个	4	82.60	330.38	57.68	121.20
12	031003001002	螺纹阀门	钢制螺纹阀，DN20，螺纹连接	个	26	54.13	1407.41	267.80	525.20
13	031003001003	螺纹阀门	钢制螺纹阀，DN15，螺纹连接	个	42	38.80	1629.81	389.34	424.20
14	031003001004	螺纹阀门	钢制自动排气阀，DN20，螺纹连接	个	1	74.33	74.33	10.30	40.40
15	031003003001	焊接法兰阀门	钢制法兰阀 DN50，法兰连接	个	2	156.41	312.82	90.64	100.00
16	031003011001	法兰	钢制，DN50，焊接	副	2	110.49	220.97	59.74	80.00
17	031005001001	铸铁散热器	铸铁型散热器，M132 型，15 片以内/组，成组落地安装，设一个手动放风阀 ϕ10	组	6	929.78	5578.70	263.88	5070.30
18	031005001002	铸铁散热器	铸铁型散热器，M132 型，12 片以内/组，成组落地安装，设一个手动放风阀 ϕ10	组	22	730.51	16071.18	749.98	14631.10
19	031009001001	采暖工程系统调试	上供下回，采暖工程	系统	1	785.64	785.64	210.79	0.00
20	030413003001	凿洞	机械钻孔（砖墙）50mm 以内	个	26	17.04	442.94	226.02	0.00
21	031201001001	管道刷油	除轻锈，刷红丹防锈漆一遍	m²	19.97	6.88	137.32	62.42	14.70
22	031201001002	管道刷油	银粉漆二遍	m²	15.98	5.20	83.07	34.45	16.64
23	031201003001	金属结构刷油	除轻锈，刷红丹防锈漆一遍，银粉漆二遍	kg	13.35	1.90	25.34	11.22	1.40
24	031201006001	布面刷油	玻璃丝布，冷底子油一遍	m²	11.33	18.20	206.15	89.16	0.00
25	031208002001	管道保温	岩棉管壳，δ＝30mm，管径 DN50，DN40，DN32，DN25，DN20	m³	0.22	696.95	153.33	17.36	113.30
26	031208007001	保护层	管道玻璃丝布，一层	m²	11.33	23.78	269.41	42.01	189.84
27		合计					38316.52	6716.00	23836.40

3. 总价措施项目清单计价表［见表 2 - 33（A）］

表 2 - 33（A）　　　　　　　　　　　　　　　　　　　　　**总价措施项目清单计价表**

工程名称：某住宅楼采暖安装工程　　　　　　　　　　　　标段：　　　　　　　　　　　　　　　　　　第 1 页　共 1 页

序号	项目编码	项目名称	计算基础	费率（%）	金额（元）	调整费率（%）	调整后金额（元）	备注
1	031302002	夜间施工费	6716.00	2.50	167.90			
2	031302004	二次搬运费	6716.00	2.10	141.04			
3	031302005	冬雨季施工增加费	6716.00	2.80	188.05			
4	031302006	已完工程及设备保护费	6716.00	1.20	80.59			
5	031301017	脚手架搭拆费	6716.00	5.00	335.80			
		合计			913.38			

编制人（造价人员）：××　　　　　　　　　　　　　　　　复核人（造价工程师）：××

注　计算基础为人工费。

4. 规费、税金项目计价表［见表 2 - 34（A）］

表 2 - 34（A）　　　　　　　　　　　　　　　　　　　　　**规费、税金项目计价表**

工程名称：某住宅楼采暖安装工程　　　　　　　　　　　　标段：　　　　　　　　　　　　　　　　　　第 1 页　共 1 页

序号	项目名称	计算基础	计算基数	计算费率（%）	金额（元）
1	规费	1.1+1.2+1.3+1.4+1.5	471.31+26.34+142.99+20.70+15.04		2808.86
1.1	安全文明施工费	1.1.1+1.1.2+1.1.3+1.1.4	27.28+55.50+165.57+222.96		1953.65
1.1.1	环境保护费		38316.52+913.38	0.29	113.77
1.1.2	文明施工费		38316.52+913.38	0.59	231.46
1.1.3	临时设施费		38316.52+913.38	1.76	690.45
1.1.4	安全施工费	分部分项和单价措施费＋总价措施费＋其他项目费	38316.52+913.38	2.34	917.98
1.2	工程排污费		38316.52+913.38	0.28	109.84
1.3	社会保险费		38316.52+913.38	1.52	596.29
1.4	住房公积金		38316.52+913.38	0.22	86.31
1.5	建设项目工伤保险		38316.52+913.38	0.16	62.77
2	税金	分部分项和单价措施费＋总价措施费＋其他项目费＋规费	38316.52+913.38+2808.86	11	4624.26
	合计				7433.12

编制人（造价人员）：××　　　　　　　　　　　　　　　　复核人（造价工程师）：××

5. 单位工程投标报价汇总表 ［见表 2-35（A）］

表 2-35（A）　　　　　　　　　　　　　　　　　　　　**单位工程投标报价汇总表**

工程名称：某住宅楼采暖安装工程　　　　　　　　　　　　标段：　　　　　　　　　　　　　　　　　　第 1 页　共 1 页

序号	汇总内容	金额（元）	其中：暂估价（元）
一	分部分项工程费	38316.52	23836.40
二	措施项目费	913.38	
1	单价措施项目费		
2	总价措施项目费	913.38	
①	夜间施工费	167.90	
②	二次搬运费	141.04	
③	冬雨季施工增加费	188.05	
④	已完工程及设备保护费	80.59	
⑤	脚手架搭拆费	335.80	
三	其他项目费		
1	暂列金额		
2	专业工程暂估价		
3	计日工		
4	总承包服务费		
四	规费	2808.86	
1	安全文明施工费	1953.65	
①	环境保护费	113.77	
②	文明施工费	231.46	
③	临时设施费	690.45	
④	安全施工费	917.98	
2	工程排污费	109.84	
3	社会保障费	596.29	
4	住房公积金	86.31	
5	建设项目工伤保险	62.77	
五	税金	4624.26	
	投标报价合计＝一＋二＋三＋四＋五	46663.02	23836.40

【习题三】某生产装置内工艺管段定额计价及清单计价案例参考答案

一、定额计价模式确定工程造价

1. 工程量计算 [见表 3-2（A）]

表 3-2（A）   **工程量计算书**

项目名称：某生产装置工艺管段

序号	项目名称	单位	计算公式	项目编码	数量
1	无缝钢管焊接 $\phi133\times4.5$（DN125）	m	（3.8－1.2＋5.8＋2.5）＋（0.8＋4.2－0.3＋4＋1.2）		20.8
2	无缝钢管焊接 $\phi108\times4$（DN100）	m	（1.5＋1＋0.5＋1＋2.5）＋（4.2－0.96＋0.5）×2＋2.5＋4.5－4.2		16.78
3	无缝钢管焊接 $\phi57\times3.5$（DN50）	m	2.5＋（3.8－0.6＋0.5）×2		9.9
4	弯头 DN125	个			5
5	弯头 DN100	个			6
6	弯头 DN50	个			3
7	三通 DN125	个			2
8	三通 DN50	个			1
9	变径 DN125×100	个			1
10	变径 DN125×50	个			1
11	法兰阀门 DN125	个			2
12	法兰阀门 DN100	个			3
13	法兰阀门 DN50	个			2
14	安全阀 DN100	个			1
15	法兰 DN125	副			1
16	法兰 DN125	片			2
17	法兰 DN100	副			3
18	法兰 DN100	片			4
19	法兰 DN50	副			2
20	法兰 DN50	片			2
21	水压试验 DN200 以内	m	20.8＋16.78＋9.9		47.48
22	刚性防水套管 DN100	个			1
23	管道支架制作安装	kg	20.8×0.25＋16.78×0.54＋9.9×0.41		18.32

续表

序号	项目名称	单位	计算公式	数量
24	管道除锈	m²	(20.8×41.78＋16.78×33.91＋9.9×17.9) /100	16.15
25	管道支架除锈	kg		18.32
26	管道刷防锈漆	m²	(20.8×41.78＋16.78×33.91＋9.9×17.9) /100	16.15
27	管道支架刷防锈漆	kg		18.32
28	管道刷银粉	m²	(20.8×41.78＋16.78×33.91＋9.9×17.9) /100	16.15
29	管道支架刷银粉漆	kg		18.32

注　1. 管道支架参考第十册附录四计算；

　　2. 除锈、刷油数量计算参照第十二册附录。

2. 计算分部分项工程费 [见表 3-3（A）]

表 3-3（A）　　　　　　　　　　　　安装工程预（结）算书

工程名称：某生产装置工艺管段　　　　　　　　　　　　　　　　　　　　　　　　共 1 页　第 1 页

序号	定额编号	项目名称	单位	数量	增值税（一般计税）			合计		
					单价	人工费	主材费	合价	人工费	主材费
1	8-1-630	中压无缝管电弧焊 DN125	10m	2.08	308.24	167.27	530.70	641.14	347.92	1103.86
2	8-1-629	中压无缝管电弧焊 DN100	10m	1.67	272.28	165.83	449.80	454.71	276.94	751.17
3	8-1-626	中压无缝管电弧焊 DN50	10m	0.99	107.95	95.89	179.92	106.87	94.93	178.12
4	8-2-607	弯头 DN125	10个	0.50	1267.13	842.85	1000.00	633.57	421.43	500.00
5	8-2-606	弯头 DN100	10个	0.60	991.32	652.71	800.00	594.79	391.63	480.00
6	8-2-603	弯头 DN50	10个	0.30	507.18	383.78	500.00	152.15	115.13	150.00
7	8-2-607	三通 DN125	10个	0.20	1267.13	842.85		253.43	168.57	0.00
8	8-2-603	三通 DN50	10个	0.10	507.18	383.78		50.72	38.38	0.00
9	8-2-607	异径管 DN125	10个	0.20	1267.13	842.85		253.43	168.57	0.00
10	8-3-189	法兰阀 DN125	个	2.00	175.59	84.36	260.00	351.18	168.72	520.00
11	8-3-188	法兰阀 DN100	个	3.00	157.8	69.32	240.00	473.40	207.96	720.00
12	8-3-185	法兰阀 DN50	个	2.00	43.47	32.96	100.00	86.94	65.92	200.00
13	8-3-249	安全阀 DN100	个	1.00	281.23	174.28	400.00	281.23	174.28	400.00

续表

序号	定额编号	项目名称	单位	数量	增值税（一般计税）			合计		
					单价	人工费	主材费	合价	人工费	主材费
14	8-4-358	法兰 DN125	副	1.00	128.92	80.96	80.00	128.92	80.96	80.00
15	8-4-358×0.61	法兰 DN125	片	2.00	78.64	49.39	40.00	157.28	98.77	80.00
16	8-4-357	法兰 DN100	副	3.00	104.11	66.13	60.00	312.33	198.39	180.00
17	8-4-357×0.61	法兰 DN100	片	4.00	63.51	40.34	30.00	254.03	161.36	120.00
18	8-4-354	法兰 DN50	副	2.00	55.84	42.64	30.00	111.68	85.28	60.00
19	8-4-354×0.61	法兰 DN50	片	2.00	34.06	26.01	15.00	68.12	52.02	30.00
20	8-5-3	管道水压试验 DN200 以内	100m	0.47	706.98	582.98	0.00	332.28	274.00	0.00
21	8-7-1	管道支架制作安装（单件 100kg 以内）	100kg	0.18	572.02	401.6	530.00	102.96	72.29	95.40
22	8-7-116	刚性防水套管制作 DN100	个	1.00	136.88	91.88	0.00	136.88	91.88	0.00
		焊接钢管（综合）	kg	5.14			20.00			102.80
		热轧厚钢板 δ10—15	kg	6.15			40.00			246.00
		扁钢≤59	kg	1.25			30.00			37.50
23	8-7-134	刚性防水套管安装 DN100	个	1.00	75.76	63.14	0.00	75.76	63.14	0.00
24		8 册小计						6013.80	3818.46	6034.84
25	12-1-1	无缝管人工除轻锈	10m²	1.62	34.26	31.21	0.00	55.50	50.56	0.00
26	12-1-7	支架人工除轻锈	100kg	0.18	42.06	31.21	0.00	7.57	5.62	0.00
27	12-2-1	无缝管刷红丹防锈漆	10m²	1.62	18.72	17.82	7.35	30.33	28.87	11.91
28	12-2-22	无缝管刷银粉漆第一遍	10m²	1.62	22.85	21.53	5.36	37.02	34.88	8.68
29	12-2-23	无缝管刷银粉漆增一遍	10m²	1.62	21.58	20.7	5.04	34.96	33.53	8.16
30	12-2-55	支架红丹防锈漆	100kg	0.18	21.25	16.89	5.80	3.83	3.04	1.04
31	12-2-60	支架刷银粉漆第一遍	100kg	0.18	20.84	19.57	2.64	3.75	3.52	0.48
32	12-2-61	支架刷银粉漆增一遍	100kg	0.18	19.78	18.64	2.32	3.56	3.36	0.42
33		12 册小计						176.51	163.38	30.69
34		分部分项工程费			6013.80＋6034.84＋176.51＋30.69＝12255.84			12255.84	3981.84	

3. 计算安装工程费用（造价）[见表 3-4（A）]

表 3-4（A） 　　　　　　　　　　　　　　　　　　　　　　**定额计价费用计算**

项目名称：某生产装置工艺管段

序号	费用名称	计算方法	金额（元）
一	分部分项工程费	详表 3-3 合价	12255.84
	计费基础 JD1	详表 3-3 合计人工费	3981.84
二	措施项目费	2.1+2.2	852.11
	2.1 单价措施费		398.18
	脚手架搭拆费	3981.84×10%	398.18
	其中：人工费	398.18×35%	139.36
	2.2 总价措施费	1+2+3+4	453.93
	1. 夜间施工费	3981.841×3.10%	123.44
	2. 二次搬运费	3981.84×2.70%	107.51
	3. 冬雨季施工增加费	3981.84×3.90%	155.29
	4. 已完工程及设备保护费	3981.84×1.70%	67.69
	计费基础 JD2	139.36+123.44×50%+107.51×40%+155.29×40%+67.69×25%	323.13
三	其他项目费	3.1+3.3+…+3.8	
	3.1 暂列金额		
	3.2 专业工程暂估价		
	3.3 特殊项目暂估价		
	3.4 计日工	按相应规定计算	
	3.5 采购保管费		
	3.6 其他检验试验费		
	3.7 总承包服务费		
	3.8 其他		
四	企业管理费	(3981.84+323.13)×51%	2195.53
五	利润	(3981.84+323.13)×32%	1377.59
六	规费	6.1+6.2+6.3+6.4+6.5	999.20
	6.1 安全文明施工费	(12255.84+852.11+2195.53+1377.59)×3.81%	635.55
	6.2 社会保险费	(12255.84+852.11+2195.53+1377.59)×1.52%	253.55
	6.3 住房公积金	(12255.84+852.11+2195.53+1377.59)×0.22%	36.70
	6.4 工程排污费	(12255.84+852.11+2195.53+1377.59)×0.28%	46.71
	6.5 建设项目工伤保险	(12255.84+852.11+2195.53+1377.59)×0.16%	26.69
七	设备费	Σ（设备单价×设备工程量）	
八	税金	(12255.84+852.11+2195.53+1377.59+999.20)×11%	1944.83
九	工程费用合计	12255.84+852.11+2195.53+1377.59+999.20+1944.83	19625.10

二、工程量清单［见表 3 - 5（A）］

工程量清单的编制按照 13《计价规范》的要求、13《计算规范》的工程量计算规则以及参考表 3 - 2 确定。

表 3 - 5（A）   **分部分项工程和单价措施项目清单表**

项目名称：某生产装置工艺管段

序号	项目编码	项目名称	项目特征描述	计量单位	工程量
1	030802001001	中压碳钢管	20 号无缝钢管 $\Phi133\times4.5$，电弧焊连接，水压试验	m	20.8
2	030802001002	中压碳钢管	20 号无缝钢管 $\Phi108\times4$，电弧焊连接，水压试验	m	16.78
3	030802001003	中压碳钢管	20 号无缝钢管 $\Phi57\times3.5$，电弧焊连接，水压试验	m	9.9
4	030805001001	中压碳钢管件	压制弯头，DN125，电弧焊连接	个	5
5	030805001002	中压碳钢管件	压制弯头，DN100，电弧焊连接	个	6
6	030805001003	中压碳钢管件	压制弯头，DN50，电弧焊连接	个	3
7	030805001004	中压碳钢管件	现场挖眼三通，DN125（2 个 125×100 三通，1 个 125×50 三通）	个	3
8	030805001005	中压碳钢管件	现场捧制异径管，DN125（2 个 125×100 异径管）	个	2
9	030808003001	中压法兰阀门	法兰阀门，DN125，法兰连接	个	2
10	030808003002	中压法兰阀门	法兰阀门，DN100，法兰连接	个	3
11	030808003003	中压法兰阀门	法兰阀门，DN50，法兰连接	个	2
12	030808005001	中压安全阀	安全阀，DN100，法兰连接	个	1
13	030811002001	中压碳钢法兰	平焊钢法兰，DN125	副	1
14	030811002002	中压碳钢法兰	平焊钢法兰，DN125	片	2
15	030811002003	中压碳钢法兰	平焊钢法兰，DN100	副	3
16	030811002004	中压碳钢法兰	平焊钢法兰，DN100	片	4
17	030811002005	中压碳钢法兰	平焊钢法兰，DN50	副	2
18	030811002006	中压碳钢法兰	平焊钢法兰，DN50	片	2
19	030815001001	管架制作安装	管道支架，角钢，$\angle50\times50\times5$	kg	18.32
20	030817008001	套管制作安装	刚性防水套管，焊接钢管、扁钢，DN100，油麻填充	台	1
21	031201001001	管道刷油	人工除轻锈，刷红丹防锈漆一遍、银粉两遍	m²	16.15
22	031201003001	管架刷油	人工除轻锈，刷红丹防锈漆一遍、银粉两遍	kg	18.32

三、工程量清单计价

工程量清单计价按照 13《计价规范》的要求、相关定额价目表以及表 3-1 的材料价格确定。

1. 工程量清单综合计价分析表 [见表 3-6（A）～表 3-27（A）]

表 3-6（A） 　　　　　　　　　　　　　　　　　　　　　　　**工程量清单综合单价分析表**

工程名称：某生产装置工艺管段　　　　　　　　　　标段：　　　　　　　　　　　　　第 1 页　共 22 页

项目编码	030802001001		项目名称		中压碳钢管		计量单位		m

清单综合单价组成明细

定额编号	定额名称	定额单位	数量	单价					合价				
				人工费	材料费	机械费	管理费	利润	人工费	材料费	机械费	管理费	利润
8-1-630	中压无缝钢管电弧焊 φ133×4.5 (DN125)	10m	2.08	167.27	15.56	125.41	85.31	53.53	347.92	32.36	260.85	177.44	111.33
8-5-3	管道水压试验 DN125	100m	0.21	582.98	111.24	12.76	297.32	186.55	121.26	23.14	2.65	61.84	38.80
人工单价		小计							469.18	55.50	263.51	239.28	150.14
103 元/工日		未计价材料费							1103.86				
清单项目综合单价									109.69				

	主要材料名称、规格、型号			单位		数量		单价（元）	合价（元）	暂估单价（元）	暂估合价（元）
材料费明细	无缝钢管 φ133×4.5（DN125）			米		18.40				60	1103.86
	其他材料费										0.00
	材料费小计										1103.86

注 1. 单价中人、材、机费用参考 2017 年《山东省安装工程价目表》，管理费、利润参照 2016 年《费用项目组成》；管理费=人工费×自选管理费率，即：85.31=167.27×51%；利润=人工费×自选利润率，即：53.53=167.27×32%

　　 2. φ133×4.5 主要材料数量=定额数量×定额损耗，即：18.40=2.08×8.845。

　　 3. 综合单价：109.69=（469.18+55.50+263.51+239.28+150.14+109.69）/20.8。

表 3-7（A）

工程量清单综合单价分析表

工程名称：某生产装置工艺管段   标段：   第2页 共22页

项目编码	030802001002	项目名称			中压碳钢管			计量单位		m	

清单综合单价组成明细

定额编号	定额名称	定额单位	数量	单 价					合 价				
				人工费	材料费	机械费	管理费	利润	人工费	材料费	机械费	管理费	利润
8-1-629	中压无缝钢管电弧焊 φ108×4（DN100）	10m	1.68	165.83	11.73	94.72	84.57	53.07	278.59	19.71	159.13	142.08	89.15
8-5-2	管道水压试验 DN100	100m	0.17	476.89	49.99	10.13	243.21	152.60	80.12	8.40	1.70	40.86	25.64
人工单价			小　计						358.71	28.10	160.83	182.94	114.79
103 元/工日			未计价材料费						755.66				
		清单项目综合单价							80.05				
材料费明细	主要材料名称、规格、型号				单位		数量		单价（元）	合价（元）	暂估单价（元）	暂估合价（元）	
	无缝钢管 φ108×4				m		15.11				50	755.66	
	其他材料费											0.00	
	材料费小计											755.66	

表 3-8（A）

工程量清单综合单价分析表

工程名称：某生产装置工艺管段   标段：   第3页 共22页

项目编码	030802001003	项目名称			中压碳钢管			计量单位		m	

清单综合单价组成明细

定额编号	定额名称	定额单位	数量	单 价					合 价				
				人工费	材料费	机械费	管理费	利润	人工费	材料费	机械费	管理费	利润
8-1-626	中压无缝钢管电弧焊 φ57×3.5（DN100）	10m	0.99	95.89	4.06	8.0	48.90	30.68	94.93	4.02	7.92	48.41	30.38
8-5-1	管道水压试验 DN50	100m	0.10	395.83	32.8	9.99	201.87	126.67	39.19	3.25	0.99	19.99	12.54
人工单价			小　计						134.12	7.27	8.91	68.40	42.92
103 元/工日			未计价材料费						178.12				
		清单项目综合单价							44.42				
材料费明细	主要材料名称、规格、型号				单位		数量		单价（元）	合价（元）	暂估单价（元）	暂估合价（元）	
	无缝钢管 φ57×3.5				m		8.91				20	178.12	
	其他材料费											0.00	
	材料费小计											178.12	

表 3 - 9（A）　　　　　　　　　　　　　　　　**工程量清单综合单价分析表**

工程名称：某生产装置工艺管段　　　　　　　　标段：　　　　　　　　　　　　　　　第 4 页　共 22 页

| 项目编码 | | 030805001001 | | 项目名称 | | | 中压碳钢管件 | | | 计量单位 | | 个 |

清单综合单价组成明细

定额编号	定额名称	定额单位	数量	单　价					合　价				
				人工费	材料费	机械费	管理费	利润	人工费	材料费	机械费	管理费	利润
8-2-607	中压弯头电弧焊 DN125	10个	0.5	842.85	173.93	250.35	429.85	269.71	421.43	86.97	125.18	214.93	134.86
人工单价		小　计							421.43	86.97	125.18	214.93	134.86
103 元/工日		未计价材料费							500.00				
清单项目综合单价									296.67				

材料费明细	主要材料名称、规格、型号	单位	数量	单价（元）	合价（元）	暂估单价（元）	暂估合价（元）
	中压弯头 DN125	个	5.00			100	500.00
	其他材料费						0.00
	材料费小计						500.00

表 3 - 10（A）　　　　　　　　　　　　　　　　**工程量清单综合单价分析表**

工程名称：某生产装置工艺管段　　　　　　　　标段：　　　　　　　　　　　　　　　第 5 页　共 22 页

| 项目编码 | | 030805001002 | | 项目名称 | | | 中压碳钢管件 | | | 计量单位 | | 个 |

清单综合单价组成明细

定额编号	定额名称	定额单位	数量	单　价					合　价				
				人工费	材料费	机械费	管理费	利润	人工费	材料费	机械费	管理费	利润
8-2-606	中压弯头电弧焊 DN100	10个	0.6	652.71	122.91	215.7	332.88	208.87	391.63	73.75	129.42	199.73	125.32
人工单价		小　计							391.63	73.75	129.42	199.73	125.32
103 元/工日		未计价材料费							480.00				
清单项目综合单价									233.31				

材料费明细	主要材料名称、规格、型号	单位	数量	单价（元）	合价（元）	暂估单价（元）	暂估合价（元）
	中压弯头 DN100	个	6.00			80	480.00
	其他材料费						0.00
	材料费小计						480.00

表 3-11（A）

工程量清单综合单价分析表

工程名称：某生产装置工艺管段　　　　　　　标段：　　　　　　　第6页 共22页

项目编码	030805001003		项目名称		中压碳钢管件		计量单位		个

清单综合单价组成明细

定额编号	定额名称	定额单位	数量	单价					合价				
				人工费	材料费	机械费	管理费	利润	人工费	材料费	机械费	管理费	利润
8-2-603	中压弯头电弧焊 DN50	10个	0.3	383.78	30.37	93.03	195.73	122.81	115.13	9.11	27.91	58.72	36.84
人工单价		小　计							115.13	9.11	27.91	58.72	36.84
103元/工日		未计价材料费							150.00				
清单项目综合单价									132.57				

材料费明细	主要材料名称、规格、型号		单位	数量		单价（元）	合价（元）	暂估单价（元）	暂估合价（元）
	中压弯头 DN50		个	3.00				50	150.00
	其他材料费								0.00
	材料费小计								150.00

表 3-12（A）

工程量清单综合单价分析表

工程名称：某生产装置工艺管段　　　　　　　标段：　　　　　　　第7页 共22页

项目编码	030805001004		项目名称		中压碳钢管件		计量单位		个

清单综合单价组成明细

定额编号	定额名称	定额单位	数量	单价					合价				
				人工费	材料费	机械费	管理费	利润	人工费	材料费	机械费	管理费	利润
8-2-607	中压挖眼三通 DN125	10个	0.3	842.85	173.93	250.35	429.85	269.71	252.86	52.18	75.11	128.96	80.91
人工单价		小　计							252.86	52.18	75.11	128.96	80.91
103元/工日		未计价材料费							0.00				
清单项目综合单价									196.67				

材料费明细	主要材料名称、规格、型号		单位	数量		单价（元）	合价（元）	暂估单价（元）	暂估合价（元）
	其他材料费								
	材料费小计								0.00

表 3 - 13 （A）

工程量清单综合单价分析表

工程名称：某生产装置工艺管段　　　　　　　　标段：　　　　　　　　　　　　第 8 页　共 22 页

| 项目编码 | 030805001005 | | 项目名称 | | 中压碳钢管件 | | | 计量单位 | | 个 |

清单综合单价组成明细

定额编号	定额名称	定额单位	数量	单价					合价				
				人工费	材料费	机械费	管理费	利润	人工费	材料费	机械费	管理费	利润
8-2-607	中压摔制异径管 DN125	10个	0.2	842.85	173.93	250.35	429.85	269.71	168.57	34.79	50.07	85.97	53.94
人工单价		小　计							168.57	34.79	50.07	85.97	53.94
103 元/工日		未计价材料费							0.00				
清单项目综合单价									196.67				

材料费明细	主要材料名称、规格、型号	单位	数量	单价（元）	合价（元）	暂估单价（元）	暂估合价（元）
	其他材料费						
	材料费小计				0.00		

表 3 - 14 （A）

工程量清单综合单价分析表

工程名称：某生产装置工艺管段　　　　　　　　标段：　　　　　　　　　　　　第 9 页　共 22 页

| 项目编码 | 030808003001 | | 项目名称 | | 中压法兰阀门 | | | 计量单位 | | 个 |

清单综合单价组成明细

定额编号	定额名称	定额单位	数量	单价					合价				
				人工费	材料费	机械费	管理费	利润	人工费	材料费	机械费	管理费	利润
8-3-189	中压法兰阀门 DN125	个	2.0	84.36	11.33	79.9	43.02	27.00	168.72	22.66	159.80	86.05	53.99
人工单价		小　计							168.72	22.66	159.80	86.05	53.99
103 元/工日		未计价材料费							520.00				
清单项目综合单价									505.61				

材料费明细	主要材料名称、规格、型号	单位	数量	单价（元）	合价（元）	暂估单价（元）	暂估合价（元）
	中压法兰阀门 DN125	个	2.00			260	520.00
	其他材料费						0.00
	材料费小计						520.00

表 3 - 15 （A）   **工程量清单综合单价分析表**

工程名称：某生产装置工艺管段   标段：   第 10 页　共 22 页

项目编码			030808003002		项目名称		中压法兰阀门				计量单位		个

清 单 综 合 单 价 组 成 明 细

定额编号	定额名称	定额单位	数量	单　价					合　价				
				人工费	材料费	机械费	管理费	利润	人工费	材料费	机械费	管理费	利润
8 - 3 - 188	中压法兰阀门 DN100	个	3.0	69.32	9.81	78.67	35.35	22.18	207.96	29.43	236.01	106.06	66.55
人工单价			小　计						207.96	29.43	236.01	106.06	66.55
103 元/工日			未计价材料费						750.00				
清单项目综合单价									465.34				

材料费明细	主要材料名称、规格、型号		单位	数量	单价（元）	合价（元）	暂估单价（元）	暂估合价（元）
	中压法兰阀门 DN100		个	3.00			250	750.00
	其他材料费							0.00
	材料费小计							750.00

表 3 - 16 （A）   **工程量清单综合单价分析表**

工程名称：某生产装置工艺管段   标段：   第 11 页　共 22 页

项目编码			030808003003		项目名称		中压法兰阀门				计量单位		个

清 单 综 合 单 价 组 成 明 细

定额编号	定额名称	定额单位	数量	单　价					合　价				
				人工费	材料费	机械费	管理费	利润	人工费	材料费	机械费	管理费	利润
8 - 3 - 185	中压法兰阀门 DN50	个	2.0	32.96	6.96	3.55	16.81	10.55	65.92	13.92	7.10	33.62	21.09
人工单价			小　计						65.92	13.92	7.10	33.62	21.09
103 元/工日			未计价材料费						200.00				
清单项目综合单价									170.83				

材料费明细	主要材料名称、规格、型号		单位	数量	单价（元）	合价（元）	暂估单价（元）	暂估合价（元）
	中压法兰阀门 DN50		个	2.00			100	200.00
	其他材料费							0.00
	材料费小计							200.00

表 3-17（A） **工程量清单综合单价分析表**

工程名称：某生产装置工艺管段　　标段：　　第 12 页　共 22 页

项目编码		030808005001		项目名称		中压安全阀门					计量单位	个	
清单综合单价组成明细													
定额编号	定额名称	定额单位	数量	单价					合价				
				人工费	材料费	机械费	管理费	利润	人工费	材料费	机械费	管理费	利润
8-3-249	中压安全阀门 DN100	个	1.0	174.28	18.98	87.97	88.88	55.77	174.28	18.98	87.97	88.88	55.77
人工单价		小计							174.28	18.98	87.97	88.88	55.77
103 元/工日		未计价材料费							400.00				
清单项目综合单价									825.88				
材料费明细	主要材料名称、规格、型号					单位	数量		单价（元）	合价（元）	暂估单价（元）	暂估合价（元）	
	中压安全阀门 DN100					个	1.00				400	400.00	
	其他材料费											0.00	
	材料费小计											400.00	

表 3-18（A） **工程量清单综合单价分析表**

工程名称：某生产装置工艺管段　　标段：　　第 13 页　共 22 页

项目编码		030811002001		项目名称		中压碳钢法兰					计量单位	副	
清单综合单价组成明细													
定额编号	定额名称	定额单位	数量	单价					合价				
				人工费	材料费	机械费	管理费	利润	人工费	材料费	机械费	管理费	利润
8-4-358	中压碳钢法兰 DN125	副	1.0	80.96	22.12	25.84	41.29	25.91	80.96	22.12	25.84	41.29	25.91
人工单价		小计							80.96	22.12	25.84	41.29	25.91
103 元/工日		未计价材料费							80.00				
清单项目综合单价									276.12				
材料费明细	主要材料名称、规格、型号					单位	数量		单价（元）	合价（元）	暂估单价（元）	暂估合价（元）	
	中压碳钢法兰 DN125					片	2.00				40	80.00	
	其他材料费											0.00	
	材料费小计											80.00	

表 3 - 19　（A）　　　　　　　　　　　　　　　　**工程量清单综合单价分析表**

工程名称：某生产装置工艺管段　　　　　　　　　　标段：　　　　　　　　　　　　　　　第 14 页　共 22 页

项目编码	030811002002		项目名称			中压碳钢法兰			计量单位		片

清 单 综 合 单 价 组 成 明 细

定额编号	定额名称	定额单位	数量	单　价					合　价				
				人工费	材料费	机械费	管理费	利润	人工费	材料费	机械费	管理费	利润
8 - 4 - 358×0.61	中压碳钢法兰 DN125	片	2.0	49.39	13.49	15.76	25.19	15.80	98.77	26.99	31.52	50.37	31.61
人工单价		小　计							98.77	26.99	31.52	50.37	31.61
103 元/工日		未计价材料费							80.00				
清单项目综合单价									159.63				

材料费明细	主要材料名称、规格、型号			单位		数量		单价（元）	合价（元）	暂估单价（元）	暂估合价（元）
	中压碳钢法兰 DN125			片		2.00				40	80.00
	其他材料费										0.00
	材料费小计										80.00

表 3 - 20　（A）　　　　　　　　　　　　　　　　**工程量清单综合单价分析表**

工程名称：某生产装置工艺管段　　　　　　　　　　标段：　　　　　　　　　　　　　　　第 15 页　共 22 页

项目编码	030811002003		项目名称			中压碳钢法兰			计量单位		副

清 单 综 合 单 价 组 成 明 细

定额编号	定额名称	定额单位	数量	单　价					合　价				
				人工费	材料费	机械费	管理费	利润	人工费	材料费	机械费	管理费	利润
8 - 4 - 357	中压碳钢法兰 DN100	副	3.0	66.13	15.78	22.2	33.73	21.16	198.39	47.34	66.60	101.18	63.48
人工单价		小　计							198.39	47.34	66.60	101.18	63.48
103 元/工日		未计价材料费							180.00				
清单项目综合单价									219.00				

材料费明细	主要材料名称、规格、型号			单位		数量		单价（元）	合价（元）	暂估单价（元）	暂估合价（元）
	中压碳钢法兰 DN100			片		6.00				30	180.00
	其他材料费										0.00
	材料费小计										180.00

表 3 - 21（A）

工程量清单综合单价分析表

工程名称：某生产装置工艺管段 　　　　　　　　标段： 　　　　　　　第 16 页　共 22 页

项目编码	030811002004	项目名称	中压碳钢法兰	计量单位	副

清 单 综 合 单 价 组 成 明 细

定额编号	定额名称	定额单位	数量	单　价					合　价				
				人工费	材料费	机械费	管理费	利润	人工费	材料费	机械费	管理费	利润
8 - 4 - 357×0.61	中压碳钢法兰 DN100	片	4.0	40.34	9.63	13.54	20.57	12.91	161.36	38.50	54.17	82.29	51.63
人工单价		小　计							161.36	38.50	54.17	82.29	51.63
103 元/工日		未计价材料费							120.00				
清单项目综合单价									126.99				

材料费明细	主要材料名称、规格、型号	单位	数量	单价（元）	合价（元）	暂估单价（元）	暂估合价（元）
	中压碳钢法兰 DN100	片	4.00			30	120.00
	其他材料费						0.00
	材料费小计						120.00

表 3 - 22（A）

工程量清单综合单价分析表

工程名称：某生产装置工艺管段 　　　　　　　　标段： 　　　　　　　第 17 页　共 22 页

项目编码	030811002005	项目名称	中压碳钢法兰	计量单位	副

清 单 综 合 单 价 组 成 明 细

定额编号	定额名称	定额单位	数量	单　价					合　价				
				人工费	材料费	机械费	管理费	利润	人工费	材料费	机械费	管理费	利润
8 - 4 - 354	中压碳钢法兰 DN50	副	2.0	42.64	4.5	8.7	21.75	13.64	85.28	9.00	17.40	43.49	27.29
人工单价		小　计							85.28	9.00	17.40	43.49	27.29
103 元/工日		未计价材料费							60.00				
清单项目综合单价									121.23				

材料费明细	主要材料名称、规格、型号	单位	数量	单价（元）	合价（元）	暂估单价（元）	暂估合价（元）
	中压碳钢法兰 DN50	片	4.00			15	60.00
	其他材料费						0.00
	材料费小计						60.00

表 3-23（A）　　　　　　　　　　　　　　　　　　**工程量清单综合单价分析表**

工程名称：某生产装置工艺管段　　　　　　　　　　　　标段：　　　　　　　　　　　　　　　　第 18 页　共 22 页

项目编码		030811002006		项目名称		中压碳钢法兰		计量单位		副

清单综合单价组成明细

定额编号	定额名称	定额单位	数量	单价					合价				
				人工费	材料费	机械费	管理费	利润	人工费	材料费	机械费	管理费	利润
8-4-354×0.61	中压碳钢法兰 DN50	片	2.0	26.01	2.75	5.31	13.27	8.32	52.02	5.49	10.61	26.53	16.65
人工单价			小　计						52.02	5.49	10.61	26.53	16.65
103 元/工日			未计价材料费						30.00				
清单项目综合单价									70.65				

材料费明细	主要材料名称、规格、型号	单位	数量	单价（元）	合价（元）	暂估单价（元）	暂估合价（元）
	中压碳钢法兰 DN50	片	2.00			15	30.00
	其他材料费						0.00
	材料费小计						30.00

表 3-24（A）　　　　　　　　　　　　　　　　　　**工程量清单综合单价分析表**

工程名称：某生产装置工艺管段　　　　　　　　　　　　标段：　　　　　　　　　　　　　　　　第 19 页　共 22 页

项目编码		030815001001		项目名称		管架制作安装		计量单位		kg

清单综合单价组成明细

定额编号	定额名称	定额单位	数量	单价					合价				
				人工费	材料费	机械费	管理费	利润	人工费	材料费	机械费	管理费	利润
8-7-1	管道支架制作安装（单件 100kg 以内）	100kg	0.18	401.6	74.58	95.84	204.82	128.51	72.29	13.42	17.25	36.87	23.13
人工单价			小　计						72.29	13.42	17.25	36.87	23.13
103 元/工日			未计价材料费						95.40				
清单项目综合单价									14.10				

材料费明细	主要材料名称、规格、型号	单位	数量	单价（元）	合价（元）	暂估单价（元）	暂估合价（元）
	型钢（综合）∠50×50×5	kg	19.08			5	95.40
	其他材料费						0.00
	材料费小计						95.40

表 3 - 25 （A）　　　　　　　　　　　　　**工程量清单综合单价分析表**

工程名称：某生产装置工艺管段　　　　　　　　标段：　　　　　　　　　　　　第 20 页　共 22 页

项目编码		030817008001		项目名称			套管制作安装			计量单位		台

清 单 综 合 单 价 组 成 明 细

定额编号	定额名称	定额单位	数量	单 价					合 价				
				人工费	材料费	机械费	管理费	利润	人工费	材料费	机械费	管理费	利润
8 - 7 - 116	刚性防水套管制作 DN100	个	1.0	91.88	19.37	25.63	46.86	29.40	91.88	19.37	25.63	46.86	29.40
人工单价		小　计							91.88	19.37	25.63	46.86	29.40
103 元/工日		未计价材料费							386.30				
清单项目综合单价									599.44				

材料费明细	主要材料名称、规格、型号	单位	数量	单价（元）	合价（元）	暂估单价（元）	暂估合价（元）
	焊接钢管（综合）	kg	5.14			20	102.80
	热轧厚钢板 $\delta 10-15$	kg	6.15			40	246.00
	扁钢小于等于 59	kg	1.25			30	37.50
	其他材料费						0.00
	材料费小计						386.30

表 3-26（A）   **工程量清单综合单价分析表**

工程名称：某生产装置工艺管段   标段：   第 21 页 共 22 页

项目编码	031201001001		项目名称		管道刷油		计量单位		m²

清 单 综 合 单 价 组 成 明 细

定额编号	定额名称	定额单位	数量	单 价					合 价				
				人工费	材料费	机械费	管理费	利润	人工费	材料费	机械费	管理费	利润
12-1-1	管道除轻锈	10m²	1.62	31.21	3.05		15.92	9.99	50.56	4.94	0.00	25.79	16.18
12-2-1	管道刷防锈漆一遍	10m²	1.62	17.82	0.9		9.09	5.70	28.87	1.46	0.00	14.72	9.24
12-2-22	管道刷银粉漆第一遍	10m²	1.62	21.53	1.32		10.98	6.89	34.88	2.14	0.00	17.79	11.16
12-2-23	管道刷银粉漆增加一遍	10m²	1.62	20.7	0.88		10.56	6.62	33.53	1.43	0.00	17.10	10.73
人工单价			小　计						147.84	9.96	0.00	75.40	47.31
103 元/工日			未计价材料费						49.09				
清单项目综合单价									20.35				

主要材料名称、规格、型号	单位	数量	单价（元）	合价（元）	暂估单价（元）	暂估合价（元）
醇酸防锈漆	kg	2.38			10	23.81
银粉漆	kg	1.09			12	13.02
银粉漆	kg	1.02			12	12.25
其他材料费						0.00
材料费小计						49.09

（材料费明细）

表 3 - 27（A）   工程量清单综合单价分析表

工程名称：某生产装置工艺管段   标段：   第 22 页 共 22 页

项目编码		031201003001		项目名称				管架刷油			计量单位		kg	

清 单 综 合 单 价 组 成 明 细

定额编号	定额名称	定额单位	数量	单 价					合 价				
				人工费	材料费	机械费	管理费	利润	人工费	材料费	机械费	管理费	利润
12-1-7	支架人工除轻锈	100kg	0.18	31.21	2.26	8.59	15.92	9.99	5.62	0.41	1.55	2.87	1.80
12-2-55	支架红丹防锈漆	100kg	0.18	16.89	0.07	4.29	8.61	5.40	3.04	0.01	0.77	1.55	0.97
12-2-60	支架刷银粉漆第一遍	100kg	0.18	19.57	1.27		9.98	6.26	3.52	0.23	0.00	1.80	1.13
12-2-61	支架刷银粉漆增一遍	100kg	0.18	18.64	1.14		9.51	5.96	3.36	0.21	0.00	1.71	1.07
人工单价		小 计							15.54	0.85	2.32	7.92	4.97
103 元/工日		未计价材料费							3.43				
		清单项目综合单价							1.91				

主要材料名称、规格、型号			单位	数量	单价（元）	合价（元）	暂估单价（元）	暂估合价（元）
	醇酸防锈漆		kg	0.21			10	2.09
	银粉漆		kg	0.06			12	0.71
材料费明细	银粉漆		kg	0.05			12	0.63
	其他材料费							0.00
	材料费小计							3.43

2. 分部分项工程和单价措施费清单计价表 ［见表 3-28（A）］

表 3-28（A）   分部分项工程和单价措施项目清单计价表

项目名称：某生产装置工艺管段

序号	项目编码	项目名称	项目特征描述	计量单位	工程量	综合单价	合价	其中：人工费	其中：暂估价
1	030802001001	中压碳钢管	20 号无缝钢管 Φ133×4.5，电弧焊连接，水压试验	m	20.8	109.69	2281.47	469.18	1103.86
2	030802001002	中压碳钢管	20 号无缝钢管 Φ108×4，电弧焊连接，水压试验	m	16.78	80.05	1343.28	358.71	755.66
3	030802001003	中压碳钢管	20 号无缝钢管 Φ57×3.5，电弧焊连接，水压试验	m	9.9	44.42	439.73	134.12	178.12
4	030805001001	中压碳钢管件	压制弯头，DN125，电弧焊连接	个	5	296.67	1483.35	421.43	500.00
5	030805001002	中压碳钢管件	压制弯头，DN100，电弧焊连接	个	6	233.31	1399.84	391.63	480.00
6	030805001003	中压碳钢管件	压制弯头，DN50，电弧焊连接	个	3	132.57	397.72	115.13	150.00
7	030805001004	中压碳钢管件	现场挖眼三通，DN125（2 个 125×100 三通，1 个 125×50 三通）	个	3	196.67	590.01	252.86	0.00
8	030805001005	中压碳钢管件	现场摔制异径管，DN125（2 个 125×100 异径管）	个	2	196.67	393.34	168.57	0.00
9	030808003001	中压法兰阀门	法兰阀门，DN125，法兰连接	个	2	505.61	1011.22	168.72	520.00
10	030808003002	中压法兰阀门	法兰阀门，DN100，法兰连接	个	3	465.34	1396.01	207.96	750.00
11	030808003003	中压法兰阀门	法兰阀门，DN50，法兰连接	个	2	170.83	341.65	65.92	200.00
12	030808005001	中压安全阀	安全阀，DN100，法兰连接	个	1	825.88	825.88	174.28	400.00
13	030811002001	中压碳钢法兰	平焊钢法兰，DN125	副	1	276.12	276.12	80.96	80.00
14	030811002002	中压碳钢法兰	平焊钢法兰，DN125	片	2	159.63	319.26	98.77	80.00
15	030811002003	中压碳钢法兰	平焊钢法兰，DN100	副	3	219.00	656.99	198.39	180.00
16	030811002004	中压碳钢法兰	平焊钢法兰，DN100	片	4	126.99	507.95	161.36	120.00
17	030811002005	中压碳钢法兰	平焊钢法兰，DN50	副	2	121.23	242.46	85.28	60.00
18	030811002006	中压碳钢法兰	平焊钢法兰，DN50	片	2	70.65	141.30	52.02	30.00
19	030815001001	管架制作安装	管道支架，角钢，∠50×50×5	kg	18.32	14.10	258.36	72.29	95.40
20	030817008001	套管制作安装	刚性防水套管，焊接钢管、扁钢，DN100，油麻填充	台	1	599.44	599.44	91.88	386.30
21	031201001001	管道刷油	人工除轻锈，刷红丹防锈漆一遍、银粉两遍	m²	16.15	20.35	328.63	147.84	49.09
22	031201003001	管架刷油	人工除轻锈，刷红丹防锈漆一遍、银粉两遍	kg	18.32	1.91	35.03	15.54	3.43
		合计					15269.04	3932.83	6121.85

3. 总价措施项目清单计价表［见表 3 - 29（A）］

表 3 - 29（A）   **总价措施项目清单计价表**

工程名称：某生产装置工艺管段   标段：   第1页 共1页

序号	项目编码	项目名称	计算基础	费率（%）	金额（元）	调整费率（%）	调整后金额（元）	备注
1	031302002	夜间施工费	3932.83	3.10	121.92			
2	031302004	二次搬运费	3932.83	2.70	106.19			
3	031302005	冬雨季施工增加费	3932.83	3.90	153.38			
4	031302006	已完工程及设备保护费	3932.83	1.70	66.86			
5	031301017	脚手架搭拆费	3932.83	10.00	393.28			
		合计			841.62			

编制人（造价人员）：××   复核人（造价工程师）：××

注　计算基础为人工费。

4. 规费、税金项目清单计价表［见表 3 - 30（A）］

表 3 - 30（A）   **规费、税金项目计价表**

工程名称：某生产装置工艺管段   标段：   第1页 共1页

序号	项目名称	计算基础	计算基数	计算费率（%）	金额（元）
1	规费	1.1+1.2+1.3+1.4+1.5	705.65+45.11+244.88+35.44+25.78		1056.86
1.1	安全文明施工费	1.1.1+1.1.2+1.1.3+1.1.4	46.72+95.05+283.55+280.33		705.65
1.1.1	环境保护费		15269.04+841.62	0.29	46.72
1.1.2	文明施工费		15269.04+841.62	0.59	95.05
1.1.3	临时设施费		15269.04+841.62	1.76	283.55
1.1.4	安全施工费	分部分项和单价措施费+总价措施费+其他项目费	15269.04+841.62	1.74	280.33
1.2	工程排污费		15269.04+841.62	0.28	45.11
1.3	社会保险费		15269.04+841.62	1.52	244.88
1.4	住房公积金		15269.04+841.62	0.22	35.44
1.5	建设项目工伤保险		15269.04+841.62	0.16	25.78
2	税金	分部分项和单价措施费+总价措施费+其他项目费+规费	14975.65+822.83+1036.38	11	1888.43
		合计			2945.29

编制人（造价人员）：××   复核人（造价工程师）：××

5. 单位工程投标报价汇总表 [见表 3-31（A）]

表 3-31（A）　　　　　　　　　　　　　　　　　　　　　　　**单位工程投标报价汇总表**

工程名称：某生产装置工艺管段　　　　　　　　　　　　　标段：　　　　　　　　　　　　　　　　第 1 页　共 1 页

序号	汇总内容	金额（元）	其中：暂估价（元）
一	分部分项工程费	15269.04	6121.85
二	措施项目费	841.62	
1	单价措施项目费		
2	总价措施项目费	841.62	
①	夜间施工费	121.92	
②	二次搬运费	106.19	
③	冬雨季施工增加费	153.38	
④	已完工程及设备保护费	66.86	
⑤	脚手架搭拆费	393.28	
三	其他项目费		
1	暂列金额		
2	专业工程暂估价		
3	计日工		
4	总承包服务费		
四	规费	1056.86	
1	安全文明施工费	705.65	
①	环境保护费	46.72	
②	文明施工费	95.05	
③	临时设施费	283.55	
④	安全施工费	280.33	
2	工程排污费	45.11	
3	社会保障费	244.88	
4	住房公积金	35.44	
5	建设项目工伤保险	25.78	
五	税金	1888.43	
	投标报价合计=一+二+三+四+五	19055.96	6121.85

【习题四】某办公楼电气照明工程定额计价及清单计价案例参考答案

一、定额计价模式确定工程造价

1. 工程量计算〔见表 4-2（A）〕

表 4-2（A）

工程量计算书

项目名称：某办公楼电气照明工程

第1页　共1页

序号	项目名称	单位	计算公式	数量
1	配电箱 800mm×500mm×120mm	台		1
2	分层配电箱 500mm×300mm×120mm	台		1
3	有端子外部接线 2.5mm²	个		18
4	刚性阻燃塑料管暗敷设 PVC25	m	1.5×2+3	6
5	刚性阻燃塑料管暗敷设 PVC20	m	2.7×3+3×2+1.5+1.7	17.3
6	刚性阻燃塑料管暗敷设 PVC15	m	三线：1.5+1.5=3.0 二线：①1.5+2+1.85+3×2+2.7×2+2.3×5+1.5+3.5+3.5+0.5+1.6×7+1.7×8=62.05 ②1.5+1.6×13+1+1+3.5+2+1.3+1+2.7×3+3×2+2.5×6+3+0.5+0.6+1.7×11=84.00	149.05
7	管内穿线 BV-2.5mm²	m	6×5+17.3×4+3×3+146.05×2+（0.8+0.5）×5+（0.5+0.3）×13	417.2
8	墙体剔槽 DN32 以内	m	1.5×2	3
9	墙体剔槽 DN20 以内	m	1.5+1.7+1.5+1.5+1.6×7+1.7×8+1.5+1.6×13+1.7×11	72
10	接线盒暗装	个		17
11	开关（插座）盒暗装	个		26
12	三相插座 15A	个		1
13	单联开关	个		16
14	五孔插座	个		9
15	半圆球防水吸顶灯 φ300	个		2
16	单管吊链日光灯	个		12
17	方形吸顶灯矩形罩	个		3
18	送配电装置系统调试	系统		1

注　计算式中带下划线的为墙体剔槽的数量。

2. 计算分部分项工程费［见表 4-3（A）］

表 4-3（A）　　　　　　　　　　　　　　　　　　　　安装工程预（结）算书

项目名称：某办公楼电气照明工程

序号	定额编号	项目名称	单位	数量	增值税（一般计税）			合计		
					单价	人工费	主材费	合价	人工费	主材费
1	4-2-84	配电箱安装 500×300×120	台	1	196.76	129.99		196.76	129.99	0.00
2	4-2-85	配电箱安装 800×500×120	台	1	242.58	170.05		242.58	170.05	0.00
3	4-4-20	端子板外部接线 2.5mm²	10个	1.8	5.75	1.85		10.35	3.33	0.00
4	4-12-178	PVC25 管暗敷设	100m	0.06	554.82	494.4	880.00	33.29	29.66	52.80
5	4-12-177	PVC20 管暗敷设	100m	0.17	395.06	346.08	550.00	67.16	58.83	93.50
6	4-12-176	PVC15 管暗敷设	100m	1.49	369.09	329.6	330.00	549.94	491.10	491.70
7	4-12-232	接线盒暗装	10个	1.7	40.35	31.52	20.40	68.60	53.58	34.68
8	4-12-233	开关（插座）盒暗装	10个	2.6	38.39	34.3	20.40	99.81	89.18	53.04
9	4-12-241	墙体剔槽 20mm 内	10m	7.2	42.69	27.19		307.37	195.77	0.00
10	4-12-242	墙体剔槽 32mm 内	10m	0.3	47.04	29.77		14.11	8.93	0.00
11	4-13-5	管内穿线 BV-2.5mm²	100m	4.17	30.75	20.9	464.00	128.23	87.15	1934.88
12	4-14-4	半圆球防水吸顶灯 φ300	套	2	16.73	14.21	101.00	33.46	28.42	202.00
13	4-14-6	方形吸顶灯矩形罩	套	3	16.54	14.21	151.50	49.62	42.63	454.50
14	4-14-207	单管吊链日光灯	套	12	19.07	15.14	121.20	228.84	181.68	1454.40
15	4-14-351	单联暗开关	套	16	7.05	6.39	10.20	112.80	102.24	163.20
16	4-14-382	五孔插座	套	9	7.73	7	12.24	69.57	63.00	110.16
17	4-14-383	三相插座 15A	套	1	8.54	7.62	81.60	8.54	7.62	81.60
18	4-16-35	送配电装置系统调试	系统	1	281.4	238.24	0.00	281.40	238.24	0.00
19		4 册小计						2502.43	1981.42	5126.46
20		分部分项工程费			2502.43＋5126.46＝7628.89			7628.89	1981.42	

3. 计算安装工程费用（造价）[见表 4-4（A）]

表 4-4（A） 定额计价费用计算

项目名称：某办公楼电气照明工程

序号	费用名称	计算方法	金额（元）
一	分部分项工程费	详表 4-3 合价	7628.89
	计费基础 JD1	详表 4-3 合计人工费	1981.42
二	措施项目费	2.1+2.2	269.47
	2.1 单价措施费		99.07
	脚手架搭拆费	1981.42×5%	99.07
	其中：人工费	99.07×35%	34.67
	2.2 总价措施费	1+2+3+4	170.40
	1. 夜间施工费	1981.42×2.50%	49.54
	2. 二次搬运费	1981.42×2.10%	41.61
	3. 冬雨季施工增加费	1981.42×2.80%	55.48
	4. 已完工程及设备保护费	1981.42×1.20%	23.78
	计费基础 JD2	34.6+49.54×50%+41.61×40%+55.48×40%+23.78×25%	104.22
三	其他项目费	3.1+3.3+…+3.8	
	3.1 暂列金额		
	3.2 专业工程暂估价		
	3.3 特殊项目暂估价		
	3.4 计日工	按相应规定计算	
	3.5 采购保管费		
	3.6 其他检验试验费		
	3.7 总承包服务费		
	3.8 其他		
四	企业管理费	(1981.42+104.22)×55%	1147.10
五	利润	(1981.42+104.22)×32%	667.40
六	规费	6.1+6.2+6.3+6.4+6.5	707.10
	6.1 安全文明施工费	(7628.89+269.47+1147.10+667.40)×5.01%	495.36
	6.2 社会保险费	(7628.89+269.47+1147.10+667.40)×1.52%	147.64
	6.3 住房公积金	(7628.89+269.47+1147.10+667.40)×0.22%	21.37
	6.4 工程排污费	(7628.89+269.47+1147.10+667.40)×0.28%	27.20
	6.5 建设项目工伤保险	(7628.89+269.47+1147.10+667.40)×0.16%	15.54
七	设备费	1000+500	1500.00
八	税金	(7628.89+269.47+1147.10+667.40+707.10+1500.00)×11%	1311.20
九	工程费用合计	7628.89+269.47+1147.10+667.40+707.10+1500.00+1311.20	13231.16

二、工程量清单［见表 4-5（A）］

工程量清单的编制按照 13《计价规范》的要求、13《计算规范》的工程量计算规则以及参考表 4-2 确定。

表 4-5（A）　　　　　　　　　　　　　　　　　　　　　**分部分项工程量清单表**

项目名称：某办公楼电气照明工程

序号	项目编码	项目名称	项目特征描述	计量单位	工程量
1	030404017001	配电箱	配电箱，尺寸 800×500×120mm，嵌入式 1.4m，端子板外部接线 2.5mm²	台	1
2	030404017002	配电箱	配电箱，尺寸 500×300×120mm，嵌入式 1.4m，端子板外部接线 2.5mm²	台	1
3	030404034001	照明开关	单联开关，嵌入式 1.4m，86 型	个	16
4	030404035001	插座	五孔插座，嵌入式 1.3m，86 型	个	9
5	030404035002	插座	三相插座，嵌入式 1.3m，86 型	个	1
6	030411001001	配管	塑料管，暗敷设，PVC25	m	6
7	030411001002	配管	塑料管，暗敷设，PVC20	m	17.3
8	030411001003	配管	塑料管，暗敷设，PVC15	m	149.05
9	030411004001	电气配线	塑料管内穿线，BV—2.5mm²	m	417.2
10	030411006001	接线盒	开关盒、插座盒，86 系列，墙内暗装	个	26
11	030411006002	接线盒	灯头盒，86 系列，顶棚内暗装	个	17
12	030213001001	普通灯具	方形吸顶灯，60W，矩形罩，吸顶式安装	套	3
13	030213001002	普通灯具	半圆球防水吸顶灯，60W，ø300，吸顶式安装	套	2
14	030213004001	荧光灯	单管日光灯，吊链式安装	套	12
15	030413002001	凿（压）槽	墙埋管开槽及恢复 DN32 内	m	3
16	030413002002	凿（压）槽	墙埋管开槽及恢复 DN20 内	m	72
17	030414002001	送配电装置系统	220V 照明回路调试	系统	1

三、工程量清单计价

工程量清单计价按照 13《计价规范》的要求、相关定额价目表以及表 4-1 的材料价格确定。

1. 工程量清单综合计价分析表 [见表 4-6（A）～表 4-22（A）]

表 4-6（A） 　　　　　　　　　　　　　　　　　　　　**工程量清单综合单价分析表**

工程名称：某办公楼电气照明工程 　　　　　　　　　　　标段：　　　　　　　　　　　　　　　　　　　第 1 页　共 17 页

项目编码		项目名称		计量单位	

清单综合单价组成明细

定额编号	定额名称	定额单位	数量	单　价					合　价				
				人工费	材料费	机械费	管理费	利润	人工费	材料费	机械费	管理费	利润
4-2-85	照明配电箱	台	1	170.05	68.95	3.58	93.53	54.42	170.05	68.95	3.58	93.53	54.42
4-4-20	端子板接线	个	5	1.85	3.9		0.78	0.37	9.25	19.5	0	3.89	1.85
人工单价		小　计							179.3	88.45	3.58	97.41	56.27
103 元/工日		未计价材料费							1000.00				
清单项目综合单价									1425.01				

材料费明细	主要材料名称、规格、型号	单位	数量	单价（元）	合价（元）	暂估单价（元）	暂估合价（元）
	照明配电箱 800×500×120	台	1			1000	1000.00
	其他材料费						0.00
	材料费小计						1000.00

注　1. 单价中人、材、机费用参考 2017 年《山东省安装工程价目表》；

　　2. 管理费、利润参照 2016 年《费用项目组成》的民用安装工程，管理费 93.53＝170.05×55％，利润 54.42＝170.05×32％。

　　3. 综合单价 1425.01＝（179.30＋88.45＋3.58＋97.41＋56.27＋1000）/1。

表 4-7（A）

工程量清单综合单价分析表

工程名称：某办公楼电气照明工程　　　　　　　　　　标段：　　　　　　　　　　第 2 页　共 17 页

| 项目编码 | 03040418001 | | 项目名称 | | | 插座箱 | | 计量单位 | | 台 |

| 清 单 综 合 单 价 组 成 明 细 | | | | | | | | | | |

定额编号	定额名称	定额单位	数量	单　价					合　价				
				人工费	材料费	机械费	管理费	利润	人工费	材料费	机械费	管理费	利润
4-2-84	照明配电箱	台	1	129.99	63.19	3.58	71.49	41.60	129.99	63.18	3.58	71.49	41.60
4-4-20	端子板接线	个	13	1.85	3.9		0.78	0.37	24.05	50.7	0	10.10	4.81
人工单价			小　计						154.04	113.89	3.58	81.60	46.41
103 元/工日			未计价材料费						500.00				
清单项目综合单价									899.51				

材料费明细	主要材料名称、规格、型号	单位	数量	单价（元）	合价（元）	暂估单价（元）	暂估合价（元）
	照明配电箱 500×300×120	台	1			500	500.00
	其他材料费						0.00
	材料费小计						500.00

表 4-8（A）

工程量清单综合单价分析表

工程名称：某办公楼电气照明工程　　　　　　　　　　标段：　　　　　　　　　　第 3 页　共 17 页

| 项目编码 | 030404034001 | | 项目名称 | | | 照明开关 | | 计量单位 | | 个 |

| 清 单 综 合 单 价 组 成 明 细 | | | | | | | | | | |

定额编号	定额名称	定额单位	数量	单　价					合　价				
				人工费	材料费	机械费	管理费	利润	人工费	材料费	机械费	管理费	利润
4-14-351	单联开关	套	16	6.39	0.66		3.51	2.04	102.24	10.56	0	56.23	32.72
人工单价			小　计						102.24	10.56	0	56.23	32.72
103 元/工日			未计价材料费						163.20				
清单项目综合单价									22.81				

材料费明细	主要材料名称、规格、型号	单位	数量	单价（元）	合价（元）	暂估单价（元）	暂估合价（元）
	单联开关	套	16.32			10	163.20
	其他材料费						0.00
	材料费小计						163.20

表 4-9（A）　　　　　　　　　　　　　　**工程量清单综合单价分析表**

工程名称：某办公楼电气照明工程　　　　　　　　标段：　　　　　　　　　　　　第 4 页　共 17 页

项目编码		030404035001		项目名称			插座				计量单位		个

清单综合单价组成明细

定额编号	定额名称	定额单位	数量	单价					合价				
				人工费	材料费	机械费	管理费	利润	人工费	材料费	机械费	管理费	利润
4-14-382	五孔插座	套	9	7.00	0.73		3.85	2.24	63	6.57	0	34.65	20.16
人工单价		小　计							63.00	6.57	0	34.65	20.16
103 元/工日		未计价材料费							110.16				
清单项目综合单价									26.06				

材料费明细	主要材料名称、规格、型号		单位	数量	单价（元）	合价（元）	暂估单价（元）	暂估合价（元）
	五孔插座		套	9.18			12	110.16
	其他材料费							0.00
	材料费小计							110.16

表 4-10（A）　　　　　　　　　　　　　　**工程量清单综合单价分析表**

工程名称：某办公楼电气照明工程　　　　　　　　标段：　　　　　　　　　　　　第 5 页　共 17 页

项目编码		030404035002		项目名称			插座				计量单位		个

清单综合单价组成明细

定额编号	定额名称	定额单位	数量	单价					合价				
				人工费	材料费	机械费	管理费	利润	人工费	材料费	机械费	管理费	利润
4-14-383	三相插座	套	1	7.62	0.92		4.19	2.44	7.62	0.92	0	4.19	2.44
人工单价		小　计							7.62	0.92	0	4.19	2.44
103 元/工日		未计价材料费							81.60				
清单项目综合单价									96.77				

材料费明细	主要材料名称、规格、型号		单位	数量	单价（元）	合价（元）	暂估单价（元）	暂估合价（元）
	三相插座		套	1.02			80	81.60
	其他材料费							0.00
	材料费小计							81.60

表 4 - 11 （A） 　　　　　　　　　　　　　　　　　　　　　　**工程量清单综合单价分析表**

工程名称：某办公楼电气照明工程　　　　　　　　　　　标段：　　　　　　　　　　　　　　　　　第 6 页 共 17 页

项目编码	030411001001		项目名称		配管				计量单位		m		

清单综合单价组成明细

定额编号	定额名称	定额单位	数量	单价					合价				
				人工费	材料费	机械费	管理费	利润	人工费	材料费	机械费	管理费	利润
4 - 12 - 178	塑料管暗敷 PVC25	100m	0.06	494.4	60.42		271.92	158.21	29.66	3.63	0.00	16.32	9.49
人工单价			小　计						29.66	3.63	0.00	16.32	9.49
103 元/工日			未计价材料费						52.80				
			清单项目综合单价						18.65				

	主要材料名称、规格、型号		单位		数量		单价（元）	合价（元）	暂估单价（元）		暂估合价（元）		
材料费明细	塑料管 DN25		米		6.6				8		52.80		
	其他材料费										0.00		
	材料费小计										52.80		

表 4 - 12 （A） 　　　　　　　　　　　　　　　　　　　　　　**工程量清单综合单价分析表**

工程名称：某办公楼电气照明工程　　　　　　　　　　　标段：　　　　　　　　　　　　　　　　　第 7 页 共 17 页

项目编码	030411001002		项目名称		配管				计量单位		m		

清单综合单价组成明细

定额编号	定额名称	定额单位	数量	单价					合价				
				人工费	材料费	机械费	管理费	利润	人工费	材料费	机械费	管理费	利润
4 - 12 - 177	塑料管暗敷 PVC20	100m	0.17	346.08	48.98		190.34	110.75	58.83	8.33	0.00	32.36	18.83
人工单价			小　计						58.83	8.33	0.00	32.36	18.83
103 元/工日			未计价材料费						93.50				
			清单项目综合单价						12.25				

	主要材料名称、规格、型号		单位		数量		单价（元）	合价（元）	暂估单价（元）		暂估合价（元）		
材料费明细	塑料管 DN20		m		18.7				5.0		93.50		
	其他材料费										0.00		
	材料费小计										93.50		

表 4-13 （A）   **工程量清单综合单价分析表**

工程名称：某办公楼电气照明工程   标段：   第 8 页 共 17 页

项目编码	030411001003		项目名称			配管				计量单位			m	
清单综合单价组成明细														
定额编号	定额名称	定额单位	数量	单价					合价					
				人工费	材料费	机械费	管理费	利润	人工费	材料费	机械费	管理费	利润
4-12-176	塑料管暗敷 PVC15	100m	1.49	329.6	39.49		181.28	105.47	491.10	58.84	0.00	270.11	157.15
人工单价		小 计							491.10	58.84	0.00	270.11	157.15
103 元/工日		未计价材料费							491.70				
清单项目综合单价									9.86				
材料费明细	主要材料名称、规格、型号			单位		数量		单价（元）		合价（元）		暂估单价（元）		暂估合价（元）
	塑料管 DN15			m		163.9						3.0		491.70
	其他材料费													0.0
	材料费小计													491.70

表 4-14 （A）   **工程量清单综合单价分析表**

工程名称：某办公楼电气照明工程   标段：   第 9 页 共 17 页

项目编码	030411004001		项目名称			配线				计量单位			m	
清单综合单价组成明细														
定额编号	定额名称	定额单位	数量	单价					合价					
				人工费	材料费	机械费	管理费	利润	人工费	材料费	机械费	管理费	利润
4-13-5	钢管穿照明线 BV-2.5mm²	100m	4.17	83.43	14.75		45.89	26.70	347.90	61.51	0.00	191.35	111.33
人工单价		小 计							347.90	61.51	0.00	191.35	111.33
103 元/工日		未计价材料费							1934.88				
清单项目综合单价									6.34				
材料费明细	主要材料名称、规格、型号			单位		数量		单价（元）		合价（元）		暂估单价（元）		暂估合价（元）
	照明线 BV-2.5mm²			m		483.72						4.0		1934.88
	其他材料费													0.0
	材料费小计													1934.88

表 4-15（A）　　　　　　　　　　　　　　　　**工程量清单综合单价分析表**

工程名称：某办公楼电气照明工程　　　　　　　　　标段：　　　　　　　　　　　　　　　　　　　　第 10 页　共 17 页

项目编码		030411006001		项目名称			接线盒				计量单位		个
清单综合单价组成明细													
定额编号	定额名称	定额单位	数量	单价					合价					
				人工费	材料费	机械费	管理费	利润	人工费	材料费	机械费	管理费	利润
4-12-233	开关盒插座盒	10个	2.6	34.30	4.09		18.87	10.98	89.18	10.63	0.00	49.05	28.54
人工单价				小　计					89.18	10.63	0.00	49.05	28.54
103元/工日				未计价材料费					53.04				
清单项目综合单价									32.92				

材料费明细	主要材料名称、规格、型号		单位	数量	单价（元）	合价（元）	暂估单价（元）	暂估合价（元）
	开关盒插座盒		个	26.52			2.0	53.04
	其他材料费							0.0
	材料费小计							53.04

表 4-16（A）　　　　　　　　　　　　　　　　**工程量清单综合单价分析表**

工程名称：某办公楼电气照明工程　　　　　　　　　标段：　　　　　　　　　　　　　　　　　　　　第 11 页　共 17 页

项目编码		030411006002		项目名称			接线盒				计量单位		个
清单综合单价组成明细													
定额编号	定额名称	定额单位	数量	单价					合价					
				人工费	材料费	机械费	管理费	利润	人工费	材料费	机械费	管理费	利润
4-12-232	灯头盒	10个	1.7	31.52	8.83		17.34	10.09	53.58	15.01	0.00	29.47	17.15
人工单价				小　计					53.58	15.01	0.00	29.47	17.15
103元/工日				未计价材料费					34.68				
清单项目综合单价									5.35				

材料费明细	主要材料名称、规格、型号		单位	数量	单价（元）	合价（元）	暂估单价（元）	暂估合价（元）
	开关盒插座盒		个	17.34			2.0	34.68
	其他材料费							0.0
	材料费小计							34.68

表 4-17（A）

工程量清单综合单价分析表

工程名称：某办公楼电气照明工程　　　　　　　　　　标段：　　　　　　　　　　第 12 页　共 17 页

项目编码	030412001001		项目名称		普通灯具			计量单位		套

清 单 综 合 单 价 组 成 明 细

定额编号	定额名称	定额单位	数量	单　价					合　价				
				人工费	材料费	机械费	管理费	利润	人工费	材料费	机械费	管理费	利润
4-14-6	方形吸顶灯	套	3	14.21	2.33		7.82	4.55	42.63	6.99	0.00	23.45	13.64
人工单价		小　计							42.63	6.99	0.00	23.45	13.64
103 元/工日		未计价材料费							454.50				
清单项目综合单价									180.40				

材料费明细	主要材料名称、规格、型号		单位	数量	单价（元）	合价（元）	暂估单价（元）	暂估合价（元）
	方形吸顶灯		套	3.03			150	454.50
	其他材料费							0.0
	材料费小计							454.50

表 4-18（A）

工程量清单综合单价分析表

工程名称：某办公楼电气照明工程　　　　　　　　　　标段：　　　　　　　　　　第 13 页　共 17 页

项目编码	030412001002		项目名称		普通灯具			计量单位		套

清 单 综 合 单 价 组 成 明 细

定额编号	定额名称	定额单位	数量	单　价					合　价				
				人工费	材料费	机械费	管理费	利润	人工费	材料费	机械费	管理费	利润
4-14-4	半圆球防水吸顶灯	套	2	14.21	2.52		7.82	4.55	28.42	5.04	0.00	15.63	9.09
人工单价		小　计							28.42	5.04	0.00	15.63	9.09
103 元/工日		未计价材料费							202.00				
清单项目综合单价									130.09				

材料费明细	主要材料名称、规格、型号		单位	数量	单价（元）	合价（元）	暂估单价（元）	暂估合价（元）
	半贺球防水吸顶灯 φ300		套	2.02			100	202.00
	其他材料费							0.0
	材料费小计							202.00

表 4 - 19 （A）   工程量清单综合单价分析表

工程名称：某办公楼电气照明工程   标段：   第14页 共17页

| 项目编码 | 030213004001 | | 项目名称 | | | 荧光灯 | | | 计量单位 | | 套 |

清 单 综 合 单 价 组 成 明 细

定额编号	定额名称	定额单位	数量	单价					合价				
				人工费	材料费	机械费	管理费	利润	人工费	材料费	机械费	管理费	利润
4-14-207	单管吊链日光灯	套	12	15.14	3.93		8.33	4.84	181.68	47.16	0.00	99.92	58.14
人工单价		小 计							181.68	47.16	0.00	99.92	58.14
103 元/工日		未计价材料费							1454.40				
清单项目综合单价									153.44				

材料费明细	主要材料名称、规格、型号		单位	数量	单价（元）	合价（元）	暂估单价（元）	暂估合价（元）
	单管吊链日光灯		套	12.12			120	1454.40
	其他材料费							0.0
	材料费小计							1454.40

表 4 - 20 （A）   工程量清单综合单价分析表

工程名称：某办公楼电气照明工程   标段：   第15页 共17页

| 项目编码 | 030413002001 | | 项目名称 | | | 凿（压）槽 | | | 计量单位 | | m |

清 单 综 合 单 价 组 成 明 细

定额编号	定额名称	定额单位	数量	单价					合价				
				人工费	材料费	机械费	管理费	利润	人工费	材料费	机械费	管理费	利润
4-12-242	开槽及恢复 DN32 内	10m	0.3	29.77	12.19	5.08	16.37	9.53	8.93	3.66	1.52	4.91	2.86
人工单价		小 计							8.93	3.66	1.52	4.91	2.86
103 元/工日		未计价材料费							0.00				
清单项目综合单价									7.29				

材料费明细	主要材料名称、规格、型号		单位	数量	单价（元）	合价（元）	暂估单价（元）	暂估合价（元）
								0.00
	其他材料费							0.00
	材料费小计							0.00

表 4-21（A）　　　　　　　　　　　　　**工程量清单综合单价分析表**

工程名称：某办公楼电气照明工程　　　　　　　　　　　标段：　　　　　　　　　　　　　第 16 页　共 17 页

项目编码	030413002002		项目名称		凿（压）槽			计量单位	m	

清 单 综 合 单 价 组 成 明 细

定额编号	定额名称	定额单位	数量	单 价					合 价				
				人工费	材料费	机械费	管理费	利润	人工费	材料费	机械费	管理费	利润
4-12-241	开槽及恢复 DN20 内	10m	7.2	27.19	11.02	4.48	14.95	8.70	195.77	79.34	32.26	107.67	62.65
人工单价		小　计							195.77	79.34	32.26	107.67	62.65
103 元/工日		未计价材料费							0.00				
清单项目综合单价									6.63				
材料费明细	主要材料名称、规格、型号				单位		数量		单价（元）	合价（元）	暂估单价（元）	暂估合价（元）	
												0.00	
	其他材料费											0.00	
	材料费小计											0.00	

表 4-22（A）　　　　　　　　　　　　　**工程量清单综合单价分析表**

工程名称：某办公楼电气照明工程　　　　　　　　　　　标段：　　　　　　　　　　　　　第 17 页　共 17 页

项目编码	030414002001		项目名称		送配电装置系统			计量单位	系统	

清 单 综 合 单 价 组 成 明 细

定额编号	定额名称	定额单位	数量	单 价					合 价				
				人工费	材料费	机械费	管理费	利润	人工费	材料费	机械费	管理费	利润
4-16-35	1kV 以下送配电调试	系统	1	238.24	2.11	41.05	131.03	76.24	238.24	2.11	41.05	131.03	76.24
人工单价		小　计							238.24	2.11	41.05	131.03	76.24
103 元/工日		未计价材料费							0.00				
清单项目综合单价									488.67				
材料费明细	主要材料名称、规格、型号				单位		数量		单价（元）	合价（元）	暂估单价（元）	暂估合价（元）	
												0.00	
	其他材料费											0.00	
	材料费小计											0.00	

2. 分部分项工程和单项措施项目清单计价表［见表4－23（A）］

表4－23（A） 分部分项工程和单价措施项目清单计价表

项目名称：某办公楼电气照明工程

序号	项目编码	项目名称	项目特征描述	计量单位	工程量	综合单价	合价	其中：人工费	其中：暂估价
						金额（元）			
1	030404017001	配电箱	配电箱，尺寸 800×500×120mm，嵌入式1.4m，端子板外部接线 2.5mm²	台	1	1425.01	1425.01	179.30	1000.00
2	030404017002	配电箱	配电箱，尺寸 500×300×120mm，嵌入式1.4m，端子板外部接线 2.5mm²	台	1	899.51	899.51	154.04	500.00
3	030404034001	照明开关	单联开关，嵌入式1.4m，86型	个	16	22.81	364.95	102.24	163.20
4	030404035001	插座	五孔插座，嵌入式1.3m，86型	个	9	26.06	234.54	63.00	110.16
5	030404035002	插座	三相插座，嵌入式1.3m，86型	个	1	96.77	96.77	7.62	81.60
6	030411001001	配管	塑料管，暗敷设，PVC25	m	6	18.65	111.90	29.66	52.80
7	030411001002	配管	塑料管，暗敷设，PVC20	m	17.3	12.25	211.85	58.83	93.50
8	030411001003	配管	塑料管，暗敷设，PVC15	m	149.05	9.86	1468.90	491.10	491.70
9	030411004001	电气配线	塑料管内穿线，BV－2.5mm²	m	417.2	6.34	2646.97	347.90	1934.88
10	030411006001	接线盒	开关盒、插座盒，86系列，墙内暗装	个	26	32.92	855.92	89.18	53.04
11	030411006002	接线盒	灯头盒，86系列，顶棚内暗装	个	17	5.35	91.01	53.58	34.68
12	030213001001	普通灯具	方形吸顶灯，60W，矩形罩，吸顶式安装	套	3	180.40	541.21	42.63	454.50
13	030213001002	普通灯具	半圆球防水吸顶灯，60W，ø300，吸顶式安装	套	2	130.09	260.19	28.42	202.00
14	030213004001	荧光灯	单管日光灯，吊链式安装	套	12	153.44	1841.30	181.68	1454.40
15	030413002001	凿（压）槽	墙埋管开槽及恢复DN32内	m	3	7.29	21.88	8.93	0.00
16	030413002002	凿（压）槽	墙埋管开槽及恢复DN20内	m	72	6.63	477.69	195.77	0.00
17	030414002001	送配电装置系统	220V照明回路调试	系统	1	488.67	488.67	238.24	0.00
		合计					12038.25	2272.14	6626.46

3. 总价措施项目清单计价表 [见表 4 - 24（A）]

表 4 - 24（A）　　　　　　　　　　　　　　　　**总价措施项目清单计价表**

工程名称：某办公楼电气照明工程　　　　　　　　　　　标段：　　　　　　　　　　　　　　　　　　　　第 1 页　共 1 页

序号	项目编码	项目名称	计算基础	费率（%）	金额（元）	调整费率（%）	调整后金额（元）	备注
1	031302002	夜间施工费	2272.14	2.50	56.80			
2	031302004	二次搬运费	2272.14	2.10	47.71			
3	031302005	冬雨季施工增加费	2272.14	2.80	63.62			
4	031302006	已完工程及设备保护费	2272.14	1.20	27.27			
5	031301017	脚手架搭拆费	2272.14	5.00	113.61			
		合计			309.01			

编制人（造价人员）：××　　　　　　　　　　　　　　复核人（造价工程师）：××

注　计算基础为人工费。

4. 规费、税金项目计价表 [见表 4 - 25（A）]

表 4 - 25（A）　　　　　　　　　　　　　　　　**规费、税金项目计价表**

工程名称：某办公楼电气照明工程　　　　　　　　　　　标段：　　　　　　　　　　　　　　　　　　　　第 1 页　共 1 页

序号	项目名称	计算基础	计算基数	计算费率（%）	金额（元）
1	规费	1.1+1.2+1.3+1.4+1.5	614.89+34.57+187.68+27.16+19.52		884.06
1.1	安全文明施工费	1.1.1+1.1.2+1.1.3+1.1.4	35.81+72.85+217.31+288.93		614.89
1.1.1	环境保护费		12038.25+309.01	0.29	35.81
1.1.2	文明施工费		12038.25+309.01	0.59	72.85
1.1.3	临时设施费		12038.25+309.01	1.76	217.31
1.1.4	安全施工费	分部分项和单价措施费＋总价措施费＋其他项目费	12038.25+309.01	2.34	288.93
1.2	工程排污费		12038.25+309.01	0.28	34.57
1.3	社会保险费		12038.25+309.01	1.52	187.68
1.4	住房公积金		12038.25+309.01	0.22	27.16
1.5	建设项目工伤保险		12038.25+309.01	0.16	19.76
2	税金	分部分项和单价措施费＋总价措施费＋其他项目费＋规费	12038.25+309.01+884.06	11	1455.45
	合计				2339.51

编制人（造价人员）：××　　　　　　　　　　　　　　复核人（造价工程师）：××

5. 单位工程投标报价汇总表［见表 4-26（A）］

表 4-26（A）　　　　　　　　　　　　　　　　　　　　　**单位工程投标报价汇总表**

工程名称：某办公楼电气照明工程　　　　　　　　　　标段：　　　　　　　　　　　　　　　　　　　第 1 页　共 1 页

序号	汇总内容	金额（元）	其中：暂估价（元）
一	分部分项工程费	12038.25	6626.46
二	措施项目费	387.62	
1	单价措施项目费		
2	总价措施项目费	309.01	
①	夜间施工费	56.80	
②	二次搬运费	47.71	
③	冬雨季施工增加费	63.62	
④	已完工程及设备保护费	27.27	
⑤	脚手架搭拆费	113.61	
三	其他项目费		
1	暂列金额		
2	专业工程暂估价		
3	计日工		
4	总承包服务费		
四	规费	884.06	
1	安全文明施工费	614.89	
①	环境保护费	35.81	
②	文明施工费	72.85	
③	临时设施费	217.31	
④	安全施工费	288.93	
2	工程排污费	34.57	
3	社会保障费	187.68	
4	住房公积金	27.16	
5	建设项目工伤保险	19.76	
五	税金	1455.45	
	投标报价合计＝一＋二＋三＋四＋五	14765.38	6626.46

【习题五】某商场消防报警工程定额计价及清单计价案例参考答案

一、定额计价模式确定工程造价

1. 工程量计算［见表 5-2（A）］

表 5-2（A）　　　　　　　　　　　　　　　　　　　**工程量计算书**

项目名称：某商场消防报警工程　　　　　　　　　　　　　　　　　　　　　　　第 1 页　共 1 页

序号	项目名称	单位	计算公式	数量
1	感烟探头	个		12
2	火灾报警按钮	个		1
3	消防警铃	个		1
4	输入模块	个		2
5	控制模块	个		1
6	总线隔离器	个		1
7	区域报警控制器 $400\times300\times200$（壁挂式）	台		1
8	自动报警调试 64 点以内	系统		1
9	钢管 DN20 暗敷（信号线、电源线）	m	$(3-1.5)\times3+2+7+5+5+4+7+1.5+0.2$	36.2
10	钢管 DN20 暗敷（信号线）	m	$7+4\times2+6+5+2+6+5+2+1+0.5\times2+(3-1.3)+0.3$	45
11	接线盒（过线盒）	个	$12+1+1+2+1+1$	18
12	墙体剔槽 20 以内	m	$(3-1.5)\times3+0.2+(3-1.3)+0.3$	6.7
13	管内穿 RVS-2×1.5mm^2	m	$36.2+45+0.4+0.3$	81.9
14	管内穿 BV-2.5mm^2	m	$(36.2+0.4+0.3)\times2$	73.8

注　计算式中带下划线的为墙体剔槽的数量。

2. 计算分部分项工程费

根据以上工程量，套用《山东省安装工程价目表》第九、第四册，列表计算此分部分项工程费，见表5-3（A）。

表5-3（A）　　　　　　　　　　　　　　　**安装工程预（结）算书**

工程名称：某商场消防报警工程　　　　　　　　　　　　　　　　　　　　　　　　　　　　　　　共1页 第1页

序号	定额编号	项目名称	单位	数量	增值税（一般计税）			合计		
					单价	人工费	主材费	合价	人工费	主材费
1	9-4-1	感烟探头	个	12	31.15	29.36	100.00	373.80	352.32	1200.00
2	9-4-14	火灾报警按钮	个	1	34.51	30.9	40.00	34.51	30.90	40.00
3	9-4-18	消防警铃	个	1	39.26	35.64	200.00	39.26	35.64	200.00
4	9-4-35	输入模块	个	2	73.64	66.95	30.00	147.28	133.90	60.00
5	9-4-37	控制模块	个	1	80.74	72.1	40.00	80.74	72.10	40.00
6	9-4-39	总线隔离器	个	1	47.19	41.2	50.00	47.19	41.20	50.00
7	9-4-43	报警控制器64点以内	台	1	450.76	399.64	500.00	450.76	399.64	500.00
8	9-5-1	自动报警调试64点以内	系统	1	1871.36	1557.36	0.00	1871.36	1557.36	0.00
9		9册小计						3044.90	2623.06	2090.00
10	4-12-72	焊接钢管暗配DN20	100m	0.81	534.1	457.94	420.00	432.62	370.93	340.20
11	4-12-232	接线盒	10个	1.80	40.35	31.52	20.40	72.63	56.74	36.72
12	4-12-241	墙体剔槽20mm内	10m	0.67	42.69	27.19	0.00	28.60	18.22	0.00
13	4-13-5	管内穿BV-2.5mm²	100m	0.74	98.18	83.43	290.00	72.65	61.74	214.60
14	4-13-40	管内穿RVS-2×1.5mm²	100m	0.82	92.81	74.16	216.00	76.10	60.81	177.12
15		4册小计						682.61	568.43	768.64
16		分部分项工程费			3044.90+2090.00+682.61+768.64=6586.15			6586.15	3191.49	

3. 计算安装工程费用（造价）[见表 5-4（A）]

表 5-4（A） 定额计价费用计算

项目名称：某商场消防报警工程

序号	费用名称	计算方法	金额（元）
一	分部分项工程费	详表 5-3 合价	6586.15
	计费基础 JD1	详表 5-3 合计人工费	3191.49
二	措施项目费	2.1＋2.2	434.04
	2.1 单价措施费		159.57
	1. 脚手架搭拆费	3191.49×5%	159.57
	其中：人工费	159.57×35%	55.85
	2.2 总价措施费	1＋2＋3＋4	274.47
	1. 夜间施工费	3191.49×2.50%	79.79
	2. 二次搬运费	3191.49×2.10%	67.02
	3. 冬雨季施工增加费	3191.49×2.80%	89.36
	4. 已完工程及设备保护费	3191.49×1.20%	38.30
	计费基础 JD2	55.85＋79.79×50%＋67.02×40%＋89.36×40%＋38.30×25%	167.87
三	其他项目费	3.1＋3.3＋…＋3.8	
	3.1 暂列金额		
	3.2 专业工程暂估价		
	3.3 特殊项目暂估价		
	3.4 计日工	按相应规定计算	
	3.5 采购保管费		
	3.6 其他检验试验费		
	3.7 总承包服务费		
	3.8 其他		
四	企业管理费	(3191.49＋167.87)×55%	1847.65
五	利润	(3191.49＋167.87)×32%	1075.00
六	规费	6.1＋6.2＋6.3＋6.4＋6.5	723.84
	6.1 安全文明施工费	(6586.15＋434.04＋1847.65＋1075.00)×5.01%	507.08
	6.2 社会保险费	(6586.15＋434.04＋1847.65＋1075.00)×1.52%	151.13
	6.3 住房公积金	(6586.15＋434.04＋1847.65＋1075.00)×0.22%	21.87
	6.4 工程排污费	(6586.15＋434.04＋1847.65＋1075.00)×0.28%	27.84
	6.5 建设项目工伤保险	(6586.15＋434.04＋1847.65＋1075.00)×0.16%	15.91
七	设备费	∑（设备单价×设备工程量）	
八	税金	(6586.15＋434.04＋1847.65＋1075.00＋723.84)×11%	1173.34
九	工程费用合计	6586.15＋434.04＋1847.65＋1075.00＋723.84＋1173.34	11840.02

二、工程量清单［见表5-5（A）］

工程量清单的编制按照13《计价规范》的要求、13《计算规范》的工程量计算规则以及参考表5-2确定。

表5-5（A）   **分部分项工程和单价措施项目清单计价表**

工程名称：某商场消防报警工程   第1页 共1页

序号	项目编码	项目名称	项目特征描述	计量单位	工程量
1	030904001001	点型探测器	感烟探头，总线制，吸顶安装	只	12
2	030904003001	按钮	手动火灾报警按钮，1.3m壁装	只	1
3	030904004001	消防警铃	电铃，2.5m壁装	只	1
4	030904008001	模块	控制模块，距顶0.2m	只	1
5	030904008002	模块	输入模块，吸顶安装	只	2
6	030904008003	模块	总线隔离器，1.5m壁装	只	1
7	030904009001	区域报警控制器	总线制，壁挂式，64点以下	台	1
8	030905001001	自动报警调试	64点以下	系统	1
9	030411001001	电气配管	钢管，DN20，沿墙及顶棚暗装	m	81.2
10	030411004001	电气配线	钢管内穿线 RV-2×1.5	m	81.9
11	030411004002	电气配线	钢管内穿线 BV-2.5	m	73.8
12	030411006001	接线盒	接线盒，86系列，墙内、顶棚内暗装	个	18
13	030413002001	凿（压）槽	墙埋管开槽及恢复 DN20 内	m	6.7

三、工程量清单计价

工程量清单计价按照 13《计价规范》的要求、相关定额价目表以及表 5-1 的材料价格确定。

1. 工程量清单综合计价分析表 [见表 5-6（A）～表 5-18（A）]

表 5-6（A）   **工程量清单综合单价分析表**

工程名称：某商场消防报警工程   标段：   第 1 页 共 13 页

项目编码		030904001001		项目名称			点型探测器				计量单位		个
清单综合单价组成明细													
定额编号	定额名称	定额单位	数量	单 价					合 价				
				人工费	材料费	机械费	管理费	利润	人工费	材料费	机械费	管理费	利润
9-4-1	感烟探头安装	个	12	29.36	.1.63	0.16	16.15	9.40	352.32	19.56	1.92	193.78	112.74
人工单价		小 计							352.32	19.56	1.92	193.78	112.74
103 元/工日		未计价材料费							1200				
清单项目综合单价									156.69				
材料费明细	主要材料名称、规格、型号			单位		数量		单价（元）	合价（元）	暂估单价（元）		暂估合价（元）	
	感烟探头			个		12				100		1200.00	
	其他材料费											0.00	
	材料费小计											1200.00	

注 1. 单价中人、材、机费用参考 2017 年《山东省安装工程价目表》。

     2. 管理费、利润参照 2016 年《费用项目组成》的民用安装工程；管理费 16.15＝29.36×55％，利润 9.4＝29.36×32％。

     3. 综合单价 156.69＝（352.32＋19.56＋1.92＋193.78＋112.74＋1200）/12。

表 5-7（A）   **工程量清单综合单价分析表**

工程名称：某商场消防报警工程   标段：   第 2 页 共 13 页

项目编码		030904003001		项目名称			按钮				计量单位		个
清单综合单价组成明细													
定额编号	定额名称	定额单位	数量	单 价					合 价				
				人工费	材料费	机械费	管理费	利润	人工费	材料费	机械费	管理费	利润
9-4-14	火灾报警按钮	个	1	30.9	3.57	0.04	17.00	9.89	30.9	3.57	0.04	17.00	9.89
人工单价		小 计							30.9	3.57	0.04	17.00	9.89
103 元/工日		未计价材料费							40				
清单项目综合单价									101.39				
材料费明细	主要材料名称、规格、型号			单位		数量		单价（元）	合价（元）	暂估单价（元）		暂估合价（元）	
	手动火灾报警按钮			个		1				40		40.00	
	其他材料费											0.00	
	材料费小计											40.00	

表 5-8（A） 工程量清单综合单价分析表

工程名称：某商场消防报警工程 标段： 第 3 页 共 13 页

项目编码		030904004001		项目名称		消防警铃					计量单位	个	
清单综合单价组成明细													
定额编号	定额名称	定额单位	数量	单价					合价				
				人工费	材料费	机械费	管理费	利润	人工费	材料费	机械费	管理费	利润
9-4-18	消防警铃	个	1	35.64	3.58	0.04	19.60	11.40	35.64	3.58	0.04	19.60	11.40
人工单价		小计							35.64	3.58	0.04	19.60	11.40
103 元/工日		未计价材料费							200				
清单项目综合单价									270.27				
材料费明细	主要材料名称、规格、型号					单位	数量		单价（元）	合价（元）	暂估单价（元）	暂估合价（元）	
	电铃					个	1				200	200.00	
	其他材料费											0.00	
	材料费小计											200.00	

表 5-9（A） 工程量清单综合单价分析表

工程名称：某商场消防报警工程 标段： 第 4 页 共 13 页

项目编码		030904008001		项目名称		模块					计量单位	个	
清单综合单价组成明细													
定额编号	定额名称	定额单位	数量	单价					合价				
				人工费	材料费	机械费	管理费	利润	人工费	材料费	机械费	管理费	利润
9-4-37	控制模块	个	1	72.1	7.83	0.81	39.66	23.07	72.1	7.83	0.81	39.66	23.07
人工单价		小计							72.1	7.83	0.81	39.66	23.07
103 元/工日		未计价材料费							40				
清单项目综合单价									183.47				
材料费明细	主要材料名称、规格、型号					单位	数量		单价（元）	合价（元）	暂估单价（元）	暂估合价（元）	
	控制模块					个	1				40	40.00	
	其他材料费											0.00	
	材料费小计											40.00	

表 5 - 10（A）

工程量清单综合单价分析表

工程名称：某商场消防报警工程　　　　　　　　标段：　　　　　　　　　　　　　　　　　　　　第 5 页　共 13 页

项目编码	030904008002		项目名称		模块		计量单位		个

清 单 综 合 单 价 组 成 明 细

定额编号	定额名称	定额单位	数量	单价					合价				
				人工费	材料费	机械费	管理费	利润	人工费	材料费	机械费	管理费	利润
9-4-35	输入模块	个	2	66.95	5.88	0.81	36.82	21.42	133.9	11.76	1.62	73.65	42.85
人工单价		小　计							133.9	11.76	1.62	73.65	42.85
103 元/工日		未计价材料费							60				
清单项目综合单价									161.89				

材料费明细	主要材料名称、规格、型号		单位	数量	单价（元）	合价（元）	暂估单价（元）	暂估合价（元）
	输入模块		个	2			30	60.00
	其他材料费							0.00
	材料费小计							60.00

表 5 - 11（A）

工程量清单综合单价分析表

工程名称：某商场消防报警工程　　　　　　　　标段：　　　　　　　　　　　　　　　　　　　　第 6 页　共 13 页

项目编码	030904008003		项目名称		模块		计量单位		个

清 单 综 合 单 价 组 成 明 细

定额编号	定额名称	定额单位	数量	单价					合价				
				人工费	材料费	机械费	管理费	利润	人工费	材料费	机械费	管理费	利润
9-4-39	总线隔离器	个	1	41.2	5.3	0.69	22.66	13.18	41.2	5.3	0.69	22.66	13.18
人工单价		小　计							41.2	5.3	0.69	22.66	13.18
103 元/工日		未计价材料费							50				
清单项目综合单价									133.03				

材料费明细	主要材料名称、规格、型号		单位	数量	单价（元）	合价（元）	暂估单价（元）	暂估合价（元）
	总线隔离器		个	1			50	50.00
	其他材料费							0.00
	材料费小计							50.00

表 5-12 （A）

工程量清单综合单价分析表

工程名称：某商场消防报警工程　　　　　标段：　　　　　第 7 页　共 13 页

项目编码	030904009001			项目名称				区域报警控制器				计量单位		台

清 单 综 合 单 价 组 成 明 细

定额编号	定额名称	定额单位	数量	单价					合价				
				人工费	材料费	机械费	管理费	利润	人工费	材料费	机械费	管理费	利润
9-4-43	报警控制器	台	1	399.64	32.05	19.07	219.80	127.88	399.64	32.05	19.07	219.80	127.88
人工单价		小　计							399.64	32.05	19.07	219.80	127.88
103 元/工日		未计价材料费							500				
清单项目综合单价									1298.45				

材料费明细	主要材料名称、规格、型号		单位	数量	单价（元）	合价（元）	暂估单价（元）	暂估合价（元）
	报警控制器		台	1			500	500.00
	其他材料费							0.00
	材料费小计							500.00

表 5-13 （A）

工程量清单综合单价分析表

工程名称：某商场消防报警工程　　　　　标段：　　　　　第 8 页　共 13 页

项目编码	030905001001			项目名称				自动报警装置调试				计量单位		系统

清 单 综 合 单 价 组 成 明 细

定额编号	定额名称	定额单位	数量	单价					合价				
				人工费	材料费	机械费	管理费	利润	人工费	材料费	机械费	管理费	利润
9-5-1	自动报警装置调试	系统	1	1557.36	151.29	162.71	856.55	498.36	1557.36	151.29	162.71	856.55	498.36
人工单价		小　计							1557.36	151.29	162.71	856.55	498.36
103 元/工日		未计价材料费							0				
清单项目综合单价									3226.26				

材料费明细	主要材料名称、规格、型号		单位	数量	单价（元）	合价（元）	暂估单价（元）	暂估合价（元）
	其他材料费							
	材料费小计							

表 5-14（A）

工程量清单综合单价分析表

工程名称：某商场消防报警工程　　　　　　　　　　　　　　标段：　　　　　　　　　　　　　　　　第 9 页　共 13 页

项目编码		030411001001		项目名称		配管			计量单位		m

清 单 综 合 单 价 组 成 明 细

定额编号	定额名称	定额单位	数量	单价					合价				
				人工费	材料费	机械费	管理费	利润	人工费	材料费	机械费	管理费	利润
4-12-72	钢管暗配 DN20	100m	0.81	457.94	54.36	21.8	251.87	146.54	370.93	44.03	17.66	204.01	118.70
人工单价		小　计							370.93	44.03	17.66	204.01	118.70
103 元/工日		未计价材料费							340.2				
清单项目综合单价									13.49				

材料费明细	主要材料名称、规格、型号		单位	数量	单价（元）	合价（元）	暂估单价（元）	暂估合价（元）
	焊接钢管 DN20		m	85.05			4	340.20
	其他材料费							0.00
	材料费小计							340.20

表 5-15（A）

工程量清单综合单价分析表

工程名称：某商场消防报警工程　　　　　　　　　　　　　　标段：　　　　　　　　　　　　　　　　第 10 页　共 13 页

项目编码		030411004001		项目名称		配线			计量单位		m

清 单 综 合 单 价 组 成 明 细

定额编号	定额名称	定额单位	数量	单价					合价				
				人工费	材料费	机械费	管理费	利润	人工费	材料费	机械费	管理费	利润
4-13-40	穿线 RV-2× 1.5	100m	0.82	74.16	18.65		40.79	23.73	60.81	15.29	0.00	33.45	19.46
人工单价		小　计							60.81	15.29	0.00	33.45	19.46
103 元/工日		未计价材料费							177.12				
清单项目综合单价									3.74				

材料费明细	主要材料名称、规格、型号		单位	数量	单价（元）	合价（元）	暂估单价（元）	暂估合价（元）
	RV-2×1.5mm²		m	88.56			2.0	177.12
	其他材料费							0.00
	材料费小计							177.12

表 5 - 16 （A）

工程名称：某商场消防报警工程　　　　　　　　　　　　　　标段：

工 程 量 清 单 综 合 单 价 分 析 表

项目编码	030411004002			项目名称			配线				计量单位		m

清 单 综 合 单 价 组 成 明 细

定额编号	定额名称	定额单位	数量	单 价					合 价				
				人工费	材料费	机械费	管理费	利润	人工费	材料费	机械费	管理费	利润
4 - 13 - 5	穿线 BV - 2.5	100m	0.74	83.43	14.75		45.89	26.70	61.57	10.89	0.00	33.86	19.70
人工单价				小　计					61.57	10.89	0.00	33.86	19.70
103 元/工日				未计价材料费					214.02				
清单项目综合单价									4.61				

材料费明细	主要材料名称、规格、型号			单位		数量		单价（元）	合价（元）	暂估单价（元）	暂估合价（元）
	BV - 2.5mm²			m		85.61				2.5	214.02
	其他材料费										0.00
	材料费小计										214.02

表 5 - 17 （A）

工程名称：某商场消防报警工程　　　　　　　　　　　　　　标段：

工 程 量 清 单 综 合 单 价 分 析 表

项目编码	030411006001			项目名称			接线盒				计量单位		个

清 单 综 合 单 价 组 成 明 细

定额编号	定额名称	定额单位	数量	单 价					合 价				
				人工费	材料费	机械费	管理费	利润	人工费	材料费	机械费	管理费	利润
4 - 12 - 232	接线盒	10 个	1.8	31.52	8.83		17.34	10.09	56.74	15.89	0.00	31.20	18.16
人工单价				小　计					56.74	15.89	0.00	31.20	18.16
103 元/工日				未计价材料费					36.72				
清单项目综合单价									8.82				

材料费明细	主要材料名称、规格、型号			单位		数量		单价（元）	合价（元）	暂估单价（元）	暂估合价（元）
	接线盒			个		18.36				2.0	36.72
	其他材料费										0.00
	材料费小计										36.72

表 5 - 18（A）   **工程量清单综合单价分析表**

工程名称：某商场消防报警工程   标段：

项目编码	030413002001		项目名称		凿（压）槽				计量单位		m	

清单综合单价组成明细

定额编号	定额名称	定额单位	数量	单价					合价				
				人工费	材料费	机械费	管理费	利润	人工费	材料费	机械费	管理费	利润
4-12-241	开槽及恢复 DN20 内	10m	0.67	27.19	11.02	4.48	14.95	8.70	18.22	7.38	3.00	10.02	5.83
人工单价		小 计							18.22	7.38	3.00	10.02	5.83
103 元/工日		未计价材料费							0.00				
		清单项目综合单价							6.63				

材料费明细	主要材料名称、规格、型号		单位	数量	单价（元）	合价（元）	暂估单价（元）	暂估合价（元）
								0.00
	其他材料费							0.00
	材料费小计							0.00

2. 分部分项工程和单价措施项目清单计价表［见表 5-19（A）］

表 5-19（A）   **分部分项工程和单价措施项目清单计价表**

工程名称：某商场消防报警工程

序号	项目编码	项目名称	项目特征描述	计量单位	工程量	金 额（元）			
						综合单价	合价	其中：人工费	其中：暂估价
1	030904001001	点型探测器	感烟探头，总线制，吸顶安装	只	12	156.69	1880.32	352.32	1200.00
2	030904003001	按钮	手动火灾报警按钮，1.3m 壁装	只	1	101.39	101.39	30.90	40.00
3	030904004001	消防警铃	电铃，2.5m 壁装	只	1	270.27	270.27	35.64	200.00
4	030904008001	模块	控制模块，距顶 0.2m	只	1	183.47	183.47	72.10	40.00
5	030904008002	模块	输入模块，吸顶安装	只	2	161.89	323.77	133.90	60.00
6	030904008003	模块	总线隔离器，1.5 米壁装	只	1	133.03	133.03	41.20	50.00
7	030904009001	区域报警控制器	总线制，壁挂式，64 点以下	台	1	1298.45	1298.45	399.64	500.00
8	030905001001	自动报警调试	64 点以下	系统	1	3226.26	3226.26	1557.36	0.00
9	030411001001	电气配管	钢管，DN20，沿墙及顶棚暗装	m	81.2	13.49	1095.53	370.93	340.20
10	030411004001	电气配线	钢管内穿线 RV-2×1.5	m	81.9	3.74	306.13	60.81	177.12
11	030411004002	电气配线	钢管内穿线 BV-2.5	m	73.8	4.61	340.04	61.57	214.02
12	030411006001	接线盒	接线盒，86 系列，墙内、顶棚内暗装	个	18	8.82	158.71	56.74	36.72
13	030413002001	凿（压）槽	墙埋管开槽及恢复 DN20 内	m	6.7	6.63	44.45	18.22	0.00
		合计					9361.83	3191.33	2858.06

3. 总价措施项目清单计价表［见表 5-20（A）］

表 5-20（A）   **总价措施项目清单计价表**

工程名称：某商场消防报警工程   标段：   第1页 共1页

序号	项目编码	项目名称	计算基础	费率（%）	金额（元）	调整费率（%）	调整后金额（元）	备注
1	031302002	夜间施工费	3191.33	2.50	79.78			
2	031302004	二次搬运费	3191.33	2.10	67.02			
3	031302005	冬雨季施工增加费	3191.33	2.80	89.36			
4	031302006	已完工程及设备保护费	3191.33	1.20	38.30			
5	031301017	脚手架搭拆费	3191.33	5.00	159.57			
	合计				434.02			

编制人（造价人员）：××   复核人（造价工程师）：××

注　计算基础为人工费。

4. 规费、税金项目计价表［见表 5-21（A）］

表 5-21（A）   **规费、税金项目计价表**

工程名称：某商场消防报警工程   标段：   第1页 共1页

序号	项目名称	计算基础	计算基数	计算费率（%）	金额（元）
1	规费	1.1+1.2+1.3+1.4+1.5	487.83+27.43+148.90+21.55+15.67		701.38
1.1	安全文明施工费	1.1.1+1.1.2+1.1.3+1.1.4	28.41+57.80+172.41+229.22		487.83
1.1.1	环境保护费		9361.83+434.02	0.29	28.41
1.1.2	文明施工费		9361.83+434.02	0.59	57.80
1.1.3	临时设施费		9361.83+434.02	1.76	172.41
1.1.4	安全施工费	分部分项和单价措施费+总价措施费+其他项目费	9361.83+434.02	2.34	229.22
1.2	工程排污费		9361.83+434.02	0.28	27.43
1.3	社会保险费		9361.83+434.02	1.52	148.90
1.4	住房公积金		9361.83+434.02	0.22	21.55
1.5	建设项目工伤保险		9361.83+434.02	0.16	15.67
2	税金	分部分项和单价措施费+总价措施费+其他项目费+规费	9361.83+434.02+701.38	11	1154.70
	合计				1856.08

编制人（造价人员）：××   复核人（造价工程师）：××

5. 单位工程投标报价汇总表［见表 5 - 22（A）］

表 5 - 22（A）　　　　　　　　　　　　　　　　　　　单位工程投标报价汇总表

工程名称：某商场消防报警工程　　　　　　　　　　　标段：　　　　　　　　　　　　　　　　　第 1 页　共 1 页

序号	汇总内容	金额（元）	其中：暂估价（元）
一	分部分项工程费	9361.83	2858.06
二	措施项目费	434.02	
1	单价措施项目费		
2	总价措施项目费	434.02	
①	夜间施工费	79.78	
②	二次搬运费	67.02	
③	冬雨季施工增加费	89.36	
④	已完工程及设备保护费	38.30	
⑤	脚手架搭拆费	159.57	
三	其他项目费		
1	暂列金额		
2	专业工程暂估价		
3	计日工		
4	总承包服务费		
四	规费	701.38	
1	安全文明施工费	487.83	
①	环境保护费	28.41	
②	文明施工费	57.80	
③	临时设施费	172.41	
④	安全施工费	229.22	
2	工程排污费	27.43	
3	社会保障费	148.90	
4	住房公积金	21.55	
5	建设项目工伤保险	15.67	
五	税金	1154.70	
	投标报价合计＝一＋二＋三＋四＋五	11651.93	2858.06

【习题六】某车间通风系统工程定额计价及清单计价案例参考答案

一、定额计价模式确定工程造价

1. 工程量计算［见表 6-2（A）］

表 6-2（A）　　　　　　　　　　　　　　　　　　　　工程量计算书

项目名称：某车间通风系统

序号	分部分项工程名称	单位	计算公式	工程量
1	空气分布器（VAV 变风量末端装置）	个		5
2	高效过滤器安装	台		1
3	轴流风机 20 号	台		1
4	镀锌钢板（高×宽）320×800δ=0.75mm	m²	$L=5.5+0.32/2-(1.8+1.6+0.15+0.4-0.5)+5.4+1=8.61$ $S=(0.32+0.8)\times2\times8.61=19.29$	19.29
5	镀锌钢板 φ545/320×800δ=0.75mm	m²	$L=0.5$ $S=(0.32+0.8)\times2\times0.5=1.12$	1.12
6	镀锌钢板（高×宽）320×630δ=0.6mm	m²	$L=6$ $S=(0.32+0.63)\times2\times6=11.40$	11.4
7	镀锌钢板 560×540/φ545δ=0.6mm	m²	$L=0.6$ $S=(0.56+0.54)\times2\times0.6=1.32$	1.32
8	镀锌钢板（高×宽）320×500δ=0.6mm	m²	$L=6$ $S=(0.32+0.5)\times2\times6=9.84$	9.84
9	镀锌钢板（高×宽）320×250/500×250δ=0.6mm	m²	$L=0.4\times5=2$ $S=(0.25+0.5)\times2\times2=3.0$	3
10	镀锌钢板（高×宽）320×400δ=0.6mm	m²	$L=6$ $S=(0.32+0.4)\times2\times6=8.64$	8.64
11	镀锌钢板（高×宽）320×250δ=0.6mm	m²	$L=6+(5.8+0.32/2-1-0.35-0.4-0.15)\times5+(1.75-0.8/2-0.25)+(1.75-0.63/2-0.25)+(1.75-0.5/2-0.25)+(1.75-0.4/2-0.25)+(1.75-0.25/2-0.25)=32.51$ $S=(0.32+0.25)\times2\times32.51=37.06$	37.06
12	帆布软管接口	m²	φ545　L=150mm $S=3.14\times0.545\times0.15=0.26$ 1000×1000×/φ800　L=800mm $S=(1.0+1.0)\times2\times0.8=3.2$	3.46
13	风机瓣式启动阀安装 φ545　L=400mm	个		1
14	调节蝶阀安装 320×250　L=150mm	个		5
15	带过滤器百叶风口 1000×500	个		1

注　L 为风管长度，m；S 为风管面积，m²。

2. 计算分部分项工程费

根据以上工程量，套用 2017 年《山东省安装工程价目表》第七册，列表计算此单位工程分部分项工程费，见表 6-3（A）。

表 6-3（A）   安装工程预（结）算书

项目名称：某车间通风系统

序号	定额编号	项目名称	单位	数量	增值税（一般计税）			合计		
					单价	人工费	主材费	合价	人工费	主材费
1	7-1-45	VAV 变风量末端装置	台	5	208.78	134		1043.90	670.00	0.00
2	7-1-56	高效过滤器安装	台	1	66.29	50.47		66.29	50.47	0.00
3	7-1-75	轴流风机 20 号	台	1	1882.7	1836.49		1882.70	1836.49	0.00
4	7-2-13	镀锌钢板共板法兰风管长边长小于等于 1000	10m²	2.04	532.7	343.92	648.00	1087.24	701.94	1322.57
5	7-2-12	镀锌钢板共板法兰风管长边长小于等于 630	10m²	7.13	581.03	354.32	756.00	4140.42	2524.88	5387.26
6	7-2-139	帆布软管接口	m²	3.46	250.26	130.91		865.90	452.95	0.00
7	7-3-3	风机瓣式启动阀安装 φ 小于等于 600	个	1	108.24	103	400.00	108.24	103.00	400.00
8	7-3-8	调节蝶阀安装周长 1600 以内	个	5	37.31	30.28	200.00	186.55	151.40	1000.00
9	7-3-65	带过滤器百叶风口 1000×500	个	1	124.06	102.79	500.00	124.06	102.79	500.00
10		小计						9505.30	6593.92	8609.82
11		分部分项工程费		9505.30＋8609.82＝18115.12				18115.12	6593.92	

3. 计算安装工程费用（造价）[见表 6-4（A）]

表 6-4（A）   定额计价的计算程序

项目名称：某车间通风系统

序号	费用名称	计算方法	金额（元）
一	分部分项工程费	详表 6-3 合价	18115.12
	计费基础 JD1	详表 6-3 合计人工费	6593.92

续表

序号	费用名称	计算方法	金额（元）
二	措施项目费	2.1＋2.2	1292.41
	2.1 单价措施费		725.33
	1. 脚手架搭拆费	6593.92×4%	263.76
	其中：人工费	263.76×35%	92.31
	2. 通风系统调整费	6593.92×7%	461.57
	其中：人工费	461.57×35%	161.55
	2.2 总价措施费	1＋2＋3＋4	567.08
	1. 夜间施工费	6593.92×2.50%	164.85
	2. 二次搬运费	6593.92×2.10%	138.47
	3. 冬雨季施工增加费	6593.92×2.80%	184.63
	4. 已完工程及设备保护费	6593.92×1.20%	79.13
	计费基础 JD2	92.31＋161.55＋164.85×50%＋138.47×40%＋184.63×40%＋79.13×25%	485.31
三	其他项目费	3.1＋3.3＋…＋3.8	
	3.1 暂列金额		
	3.2 专业工程暂估价		
	3.3 特殊项目暂估价		
	3.4 计日工	按相应规定计算	
	3.5 采购保管费		
	3.6 其他检验试验费		
	3.7 总承包服务费		
	3.8 其他		
四	企业管理费	(6593.92＋485.31)×55%	3893.58
五	利润	(6593.92＋485.31)×32%	2265.36

续表

序号	费用名称	计算方法	金额（元）
六	规费	6.1＋6.2＋6.3＋6.4＋6.5	1861.24
	6.1 安全文明施工费	（18115.12＋1292.41＋3893.58＋2265.36）×5.01%	1303.89
	6.2 社会保险费	（18115.12＋1292.41＋3893.58＋2265.36）×1.52%	388.61
	6.3 住房公积金	（18115.12＋1292.41＋3893.58＋2265.36）×0.22%	56.25
	6.4 工程排污费	（18115.12＋1292.41＋3893.58＋2265.36）×0.28%	71.59
	6.5 建设项目工伤保险	（18115.12＋1292.41＋3893.58＋2265.36）×0.16%	40.91
七	设备费	1500×5＋2000＋2500	12000
八	税金	（18115.12＋1292.41＋3893.58＋2265.36＋1861.24）×11%	4337.05
九	工程费用合计	18115.12＋1292.41＋3893.58＋2265.36＋1861.24＋12000＋4337.05	43764.76

二、工程量清单［见表6-5（A）］

工程量清单的编制按照13《计价规范》的要求、13《计算规范》的工程量计算规则以及参考表6-2确定。

表6-5（A）　　　　　　　　　　　　　　　分部分项工程和单项措施项目清单表

工程名称：某车间通风管道工程　　　　　　　　　　　　　　　　　　　　　　　　　　　　　　　　　　　　　第1页　共1页

序号	项目编码	项目名称	项目特征描述	计量单位	工程量
1	030108003001	轴流风机	轴流风机20#	台	1
2	030701003001	空调器	空气分布器 风量50m³/h	台	5
3	030701010001	过滤器	高效过滤器安装	台	1
4	030702001001	碳钢通风管道	镀锌钢板，矩形风管，矩形风管长边长小于等于1000mm，$\delta=0.75$mm，共板法兰连接	m²	20.4
5	030702001003	碳钢通风管道	镀锌钢板，矩形风管，矩形风管长边长小于等于630mm，$\delta=0.6$mm，共板法兰连接	m²	71.3
6	030703001001	碳钢阀门	风机瓣式启动阀，$\phi545$，$L=400$mm	个	1
7	030703001002	碳钢阀门	调节蝶阀，320×250，$L=150$mm	个	5
8	030703011001	铝合金风口	带过滤器百叶风口，1000×500	个	1
9	030703019001	柔性接口	帆布软管接口，$\phi545$，$L=150$mm；1000×1000×/$\phi800$，$L=800$mm	m²	3.46
10	030704001001	通风工程检测调试	系统	系统	1

三、工程量清单计价

工程量清单计价按照 13《计价规范》的要求、相关定额价目表以及表 6-1 的材料价格确定。

1. 工程量清单综合计价分析表［见表 6-6（A）～表 6-15（A）］

表 6-6（A） 　　　　　　　　　　　　　　　　　**工程量清单综合单价分析表**

工程名称：某车间通风系统　　　　　　　　　　　标段：　　　　　　　　　　　　　　　　　　第 1 页　共 10 页

项目编码		030108003001		项目名称		轴流风机				计量单位		台
					清单综合单价组成明细							
定额编号	定额名称	定额单位	数量	**单价**					**合价**			
				人工费	材料费	机械费	管理费	利润	人工费	材料费	机械费	管理费	利润
7-1-75	轴流风机 20 号	台	1	1836.49	3.2	43.01	936.61	587.68	1836.49	3.20	43.01	936.61	587.68
人工单价			**小　计**						1836.49	3.20	43.01	936.61	587.68
103 元/工日			**未计价材料费**						2500.00				
			清单项目综合单价						5906.99				
材料费明细		主要材料名称、规格、型号				单位		数量	单价（元）	合价（元）	暂估单价（元）	暂估合价（元）	
		轴流风机 20 号				台		1.00			2500	2500.00	
		其他材料费											
		材料费小计										2500.00	

注　1. 单价中人、材、机费用参考 2017 年《山东省安装工程价目表》；管理费、利润参照 2016 年《费用项目组成》的工业安装工程，管理费＝人工费×自选管理费率，

即 936.61＝1836.49×51%；利润＝人工费×自选利润率，即 587.68＝1836.49×32%。

2. 主要材料数量将轴流风机设备费计入。

3. 清单项目综合单价：5906.99＝（1836.48＋3.2＋43.01＋936.61＋587.68＋2500）/1。

表 6-7（A） 　　　　　　　　　　　　　　　　　**工程量清单综合单价分析表**

工程名称：某车间通风系统　　　　　　　　　　　标段：　　　　　　　　　　　　　　　　　　第 2 页　共 10 页

项目编码		030701003001		项目名称		空调器				计量单位		台
					清单综合单价组成明细							
定额编号	定额名称	定额单位	数量	**单价**					**合价**			
				人工费	材料费	机械费	管理费	利润	人工费	材料费	机械费	管理费	利润
7-1-45	VAV 变风量末端装置	台	5	134	65.38	9.4	68.34	42.88	670.00	326.90	47.00	341.70	214.40
人工单价			**小　计**						670.00	326.90	47.00	341.70	214.40
103 元/工日			**未计价材料费**						7500.00				
			清单项目综合单价						1820.00				
材料费明细		主要材料名称、规格、型号				单位		数量	单价（元）	合价（元）	暂估单价（元）	暂估合价（元）	
		VAV 变风量末端装置				台		5.00			1500	7500.00	
		其他材料费											
		材料费小计										7500.00	

表 6 - 8（A）

工程名称：某车间通风系统　　　　　　　　　　　标段：

工程量清单综合单价分析表

| 项目编码 | | 030701010001 | | 项目名称 | | | 过滤器 | | | | 计量单位 | | 台 |

清单综合单价组成明细

定额编号	定额名称	定额单位	数量	单价					合价				
				人工费	材料费	机械费	管理费	利润	人工费	材料费	机械费	管理费	利润
7-1-56	高效过滤器安装	台	1	50.47	15.82		25.74	16.15	50.47	15.82	0.00	25.74	16.15
人工单价		小　计							50.47	15.82	0.00	25.74	16.15
103 元/工日		未计价材料费							2000.00				
		清单项目综合单价							2108.18				

材料费明细	主要材料名称、规格、型号		单位	数量	单价（元）	合价（元）	暂估单价（元）	暂估合价（元）
	高效过滤器		台	1.00			2000	2000.00
	其他材料费							
	材料费小计							2000.00

表 6 - 9（A）

工程名称：某车间通风系统　　　　　　　　　　　标段：

工程量清单综合单价分析表

| 项目编码 | | 030702001001 | | 项目名称 | | | 碳钢通风管道 | | | | 计量单位 | | m² |

清单综合单价组成明细

定额编号	定额名称	定额单位	数量	单价					合价				
				人工费	材料费	机械费	管理费	利润	人工费	材料费	机械费	管理费	利润
7-2-13	镀锌钢板矩形风管，长边长≤1000mm	10m²	2.04	343.92	137.52	51.26	175.40	110.05	701.60	280.54	104.57	357.81	224.51
人工单价		小　计							701.60	280.54	104.57	357.81	224.51
103 元/工日		未计价材料费							1685.04				
		清单项目综合单价							164.42				

材料费明细	主要材料名称、规格、型号		单位	数量	单价（元）	合价（元）	暂估单价（元）	暂估合价（元）
	镀锌钢板 δ=0.75mm		m²	24.07			70	1685.04
	其他材料费							
	材料费小计							1685.04

表 6 - 10 （A）

工程量清单综合单价分析表

工程名称：某车间通风系统　　　　　标段：　　　　　

项目编码	030702001002		项目名称			碳钢通风管道			计量单位		m²

清 单 综 合 单 价 组 成 明 细

定额编号	定额名称	定额单位	数量	单 价					合 价				
				人工费	材料费	机械费	管理费	利润	人工费	材料费	机械费	管理费	利润
7 - 2 - 12	镀锌钢板矩形风管，长边长小于等于630mm	10m²	7.13	354.32	173.8	52.91	180.70	113.38	2526.30	1239.19	377.25	1288.41	808.42
人工单价		小　计							2526.30	1239.19	377.25	1288.41	808.42
103 元/工日		未计价材料费							5048.04				
		清单项目综合单价							158.31				

材料费明细	主要材料名称、规格、型号		单位	数量	单价（元）	合价（元）	暂估单价（元）	暂估合价（元）
	镀锌钢板 δ＝0.6mm		m²	84.13			60	5048.04
	其他材料费							
	材料费小计							5048.04

表 6 - 11 （A）

工程量清单综合单价分析表

工程名称：某车间通风系统　　　　　标段：　　　　　

项目编码	030703001001		项目名称			碳钢阀门			计量单位		个

清 单 综 合 单 价 组 成 明 细

定额编号	定额名称	定额单位	数量	单 价					合 价				
				人工费	材料费	机械费	管理费	利润	人工费	材料费	机械费	管理费	利润
7 - 3 - 3	风机瓣式启动阀 ∅545	个	1	103	4.89	0.35	52.53	32.96	103.00	4.89	0.35	52.53	32.96
人工单价		小　计							103.00	4.89	0.35	52.53	32.96
103 元/工日		未计价材料费							400.00				
		清单项目综合单价							593.73				

材料费明细	主要材料名称、规格、型号		单位	数量	单价（元）	合价（元）	暂估单价（元）	暂估合价（元）
	风量调节阀 200×120		个	1.00			400	400.00
	其他材料费							
	材料费小计							400.00

表 6 - 12 （A）

工程量清单综合单价分析表

工程名称：某车间通风系统　　　　　　　　　　　标段：　　　　　　　　　　　　　第 7 页　共 10 页

项目编码			030703001002			项目名称		碳钢阀门			计量单位		个

清 单 综 合 单 价 组 成 明 细

定额编号	定额名称	定额单位	数量	单　价					合　价				
				人工费	材料费	机械费	管理费	利润	人工费	材料费	机械费	管理费	利润
7 - 3 - 8	调节蝶阀，320×250	个	5	30.28	4.24	2.79	15.44	9.69	151.40	21.20	13.95	77.21	48.45
人工单价		小　计							151.40	21.20	13.95	77.21	48.45
103 元/工日		未计价材料费							1000.00				
		清单项目综合单价							262.44				

材料费明细	主要材料名称、规格、型号		单位	数量	单价（元）	合价（元）	暂估单价（元）	暂估合价（元）
	调节蝶阀，320×250		个	5.00			200	1000.00
	其他材料费							
	材料费小计							1000.00

表 6 - 13 （A）

工程量清单综合单价分析表

工程名称：某车间通风系统　　　　　　　　　　　标段：　　　　　　　　　　　　　第 8 页　共 10 页

项目编码			030703011001			项目名称		铝合金风口			计量单位		个

清 单 综 合 单 价 组 成 明 细

定额编号	定额名称	定额单位	数量	单　价					合　价				
				人工费	材料费	机械费	管理费	利润	人工费	材料费	机械费	管理费	利润
7 - 3 - 65	带过滤器百叶风口，1000×500	个	1	102.79	21.27		52.42	32.89	102.79	21.27	0.00	52.42	32.89
人工单价		小　计							102.79	21.27	0.00	52.42	32.89
103 元/工日		未计价材料费							500.00				
		清单项目综合单价							709.38				

材料费明细	主要材料名称、规格、型号		单位	数量	单价（元）	合价（元）	暂估单价（元）	暂估合价（元）
	带过滤器百叶风口，1000×500		个	1.00			500	500.00
	其他材料费							
	材料费小计							500.00

表 6 - 14 （A）

工程量清单综合单价分析表

工程名称：某车间通风系统　　　　　　　　　　标段：　　　　　　　　　　　　　　　　第 9 页　共 10 页

项目编码		030703019001		项目名称				柔性接口		计量单位		m²

清 单 综 合 单 价 组 成 明 细

定额编号	定额名称	定额单位	数量	单　价					合　价				
				人工费	材料费	机械费	管理费	利润	人工费	材料费	机械费	管理费	利润
7 - 2 - 139	软管接口	m²	3.46	130.91	117.58	1.77	66.76	41.89	452.95	406.83	6.12	231.00	144.94
人工单价		小　计							452.95	406.83	6.12	231.00	144.94
103 元/工日		未计价材料费							0.00				
清单项目综合单价									358.92				

材料费明细	主要材料名称、规格、型号				单位		数量		单价（元）	合价（元）	暂估单价（元）	暂估合价（元）
	其他材料费											
	材料费小计									0.00		

表 6 - 15 （A）

工程量清单综合单价分析表

工程名称：某车间通风系统　　　　　　　　　　标段：　　　　　　　　　　　　　　　　第 10 页　共 10 页

项目编码		030704001001		项目名称			通风工程检测调试			计量单位		系统

清 单 综 合 单 价 组 成 明 细

定额编号	定额名称	定额单位	数量	单　价					合　价				
				人工费	材料费	机械费	管理费	利润	人工费	材料费	机械费	管理费	利润
	通风工程检测调试	系统	1	161.58	300.07		82.40	51.70	161.58	300.07	0.00	82.40	51.70
人工单价		小　计							161.58	300.07	0.00	82.40	51.70
103 元/工日		未计价材料费							0.00				
清单项目综合单价									595.76				

材料费明细	主要材料名称、规格、型号				单位		数量		单价（元）	合价（元）	暂估单价（元）	暂估合价（元）
							0.00					0.00
	其他材料费											
	材料费小计									0.00		0.00

注　定额第七册说明中规定，通风工程检测调试按系统人工费（第 1～9 页人工费之和）7％计算，其中人工费占 35％，其他 65％按材料费计入。

2. 分部分项工程和单价措施项目清单计价表［见表 6-16（A）］

表 6-16（A）　　　　　　　　　　**分部分项工程和单价措施项目清单计价表**

项目名称：某车间通风系统

序号	项目编码	项目名称	项目特征描述	计量单位	工程量	综合单价	合价	其中：人工费	其中：暂估价
1	030108003001	轴流风机	轴流风机 20 号	台	1	5906.99	5906.99	1836.49	2500.00
2	030701003001	空调器	空气分布器 风量 50m³/h	台	5	1820.00	9100.00	670.00	7500.00
3	030701010001	过滤器	高效过滤器安装	台	1	2108.18	2108.18	50.47	2000.00
4	030702001001	碳钢通风管道	镀锌钢板，矩形风管，矩形风管长边长小于等于 1000mm，$\delta=0.75$mm，共板法兰连接	m²	20.4	164.42	3354.07	701.60	1685.04
5	030702001003	碳钢通风管道	镀锌钢板，矩形风管，矩形风管长边长小于等于 630mm，$\delta=0.6$mm，共板法兰连接	m²	71.3	158.31	11287.61	2526.30	5048.04
6	030703001001	碳钢阀门	风机瓣式启动阀，ϕ545，$L=400$mm	个	1	593.73	593.73	103.00	400.00
7	030703001002	碳钢阀门	调节蝶阀，320×250，$L=150$mm	个	5	262.44	1312.21	151.40	1000.00
8	030703011001	铝合金风口	带过滤器百叶风口，1000×500	个	1	709.38	709.38	102.79	500.00
9	030703019001	柔性接口	帆布软管接口，ϕ545，$L=150$mm；1000×1000×/ϕ800，$L=800$mm	m²	3.46	358.92	1241.85	452.95	0.00
10	030704001001	通风工程检测调试	系统	系统	1	595.76	595.76	161.58	0.00
合计							36209.78	6756.57	20633.08

3. 总价措施项目清单计价表［见表 6 - 17（A）］

表 6 - 17（A）   **总价措施项目清单计价表**

工程名称：某车间通风系统   标段：   第 1 页 共 1 页

序号	项目编码	项目名称	计算基础	费率（%）	金额（元）	调整费率（%）	调整后金额（元）	备注
1	031302002	夜间施工费	6756.57	2.50	168.91			
2	031302004	二次搬运费	6756.57	2.10	141.89			
3	031302005	冬雨季施工增加费	6756.57	2.80	189.18			
4	031302006	已完工程及设备保护费	6756.57	1.20	81.08			
5	031301017	脚手架搭拆费	6756.57	5.00	337.83			
		合 计			918.89			

编制人（造价人员）：××   复核人（造价工程师）：××

注 计算基础为人工费。

4. 规费、税金项目计价表［见表 6 - 18（A）］

表 6 - 18（A）   **规费、税金项目计价表**

工程名称：某车间通风系统   标段：   第 1 页 共 1 页

序号	项目名称	计算基础	计算基数	计算费率（%）	金额（元）
1	规费	1.1＋1.2＋1.3＋1.4＋1.5	1626.24＋103.96＋564.36＋81.68＋59.41		2435.64
1.1	安全文明施工费	1.1.1＋1.1.2＋1.1.3＋1.1.4	107.67＋219.06＋653.46＋646.04		1626.24
1.1.1	环境保护费	分部分项和单价措施费＋总价措施费＋其他项目费	36209.78＋918.89	0.29	107.67
1.1.2	文明施工费		36209.78＋918.89	0.59	219.06
1.1.3	临时设施费		36209.78＋918.89	1.76	653.46
1.1.4	安全施工费		36209.78＋918.89	1.74	646.04
1.2	工程排污费		36209.78＋918.89	0.28	103.96
1.3	社会保险费		36209.78＋918.89	1.52	564.36
1.4	住房公积金		36209.78＋918.89	0.22	81.68
1.5	建设项目工伤保险		36209.78＋918.89	0.16	59.41
2	税金	分部分项和单价措施费＋总价措施费＋其他项目费＋规费	36209.78＋918.89＋2435.64	11	4352.07
	合计				6787.72

编制人（造价人员）：××   复核人（造价工程师）：××

5. 单位工程投标报价汇总表 [见表 6-19 (A)]

表 6-19 (A) 单位工程投标报价汇总表

工程名称：某车间通风系统　　　　　　　　　　标段：　　　　　　　　　　　　　　　　　　第1页　共1页

序号	汇总内容	金额（元）	其中：暂估价（元）
一	分部分项工程费	36209.78	20633.08
二	措施项目费	918.89	
1	单价措施项目费		
2	总价措施项目费	918.89	
①	夜间施工费	168.91	
②	二次搬运费	141.89	
③	冬雨季施工增加费	189.18	
④	已完工程及设备保护费	81.08	
⑤	脚手架搭拆费	337.83	
三	其他项目费		
1	暂列金额		
2	专业工程暂估价		
3	计日工		
4	总承包服务费		
四	规费	2435.64	
1	安全文明施工费	1626.24	
①	环境保护费	107.67	
②	文明施工费	219.06	
③	临时设施费	653.46	
④	安全施工费	646.04	
2	工程排污费	103.96	
3	社会保障费	564.36	
4	住房公积金	81.68	
5	建设项目工伤保险	59.41	
五	税金	4352.07	
	投标报价合计＝一＋二＋三＋四＋五	43916.39	20633.08

参 考 文 献

山东省住房和城乡建设厅．山东省安装工程消耗量定额．北京：中国计划出版社，2016.